U0155136

普通高等教育计算机类系列教材

Web 前端技术
（HTML5 + CSS3 + 响应式设计）

主　编　李舒亮

副主编　周西柳　　刘细珠

参　编　陈鹏海

机械工业出版社

本书全面详细讲解了 Web 前端的实用技术，以 Web 开发实际应用为驱动，循序渐进、案例丰富。全书分为 5 部分共 12 章。第 1 部分是 Web 基础和 HTML 语法，包括第 1、2 章的内容；第 2 部分是 CSS 核心原理，主要讲解 CSS 选择器、盒子模型、浮动、定位、CSS 特性等，包括第 3~6 章的内容；第 3 部分是 CSS 专题技术，主要讲解各种导航的制作、网页布局的实现、表单的制作与美化、CSS3 的新增属性等，包括第 7~10 章的内容；第 4 部分是响应式 Web 设计原理，主要讲解视口、媒体查询、百分比布局、弹性盒布局等，包括第 11 章的内容；第 5 部分即第 12 章，是综合应用，以案例的形式，利用前面 4 部分的知识讲解网站从设计到实现的全过程。

本书可以作为高等院校本、专科相关专业的 Web 前端技术（网页设计与制作）课程的教材，也可以作为 Web 前端技术的培训教材，是一本适合 Web 前端技术人员入门的参考书。

本书配套有教学 PPT、源代码、作业、测验等。在学银在线有对应的慕课教程，网址为 http://mooc1.chaoxing.com/course/template60/100578395.html，课程名称为 Web 前端技术（HTML5+CSS3）网页设计与制作。

图书在版编目（CIP）数据

Web 前端技术：HTML5+CSS3+响应式设计／李舒亮主编. —北京：机械工业出版社，2020.2（2023.7 重印）
普通高等教育计算机类系列教材
ISBN 978 - 7 - 111 - 64594 - 8

Ⅰ. ①W… Ⅱ. ①李… Ⅲ. ①超文本标记语言-程序设计-高等学校-教材②网页制作工具-高等学校-教材 Ⅳ. ①TP312.8②TP393.092.2

中国版本图书馆 CIP 数据核字（2020）第 004431 号

机械工业出版社（北京市百万庄大街 22 号　邮政编码 100037）
策划编辑：王玉鑫　　责任编辑：王玉鑫　张翠翠
责任校对：王明欣　　封面设计：张　静
责任印制：邓　博
北京盛通商印快线网络科技有限公司印刷

2023 年 7 月第 1 版·第 6 次印刷
184mm×260mm · 14.75 印张 · 363 千字
标准书号：ISBN 978 - 7 - 111 - 64594 - 8
定价：34.80 元

电话服务　　　　　　　　　　　网络服务
客服电话：010 - 88361066　　　机　工　官　网：www.cmpbook.com
　　　　　010 - 88379833　　　机　工　官　博：weibo.com/cmp1952
　　　　　010 - 68326294　　　金　书　网：www.golden-book.com
封底无防伪标均为盗版　　　机工教育服务网：www.cmpedu.com

前　言

随着互联网的迅猛发展，各种互联网项目不断兴起，对用户体验提出了更高的要求，前端开发也逐渐成为重要的研发角色。Web 前端的三大核心技术为 HTML、CSS、JavaScript。由于篇幅原因，本书主要讲解 HTML、CSS 和现在流行的响应式设计技术。

本书全面详细讲解了 Web 前端中的实用技术，以 Web 开发实际应用为驱动，循序渐进、案例丰富。全书分为 5 部分共 12 章。

第 1 部分是 Web 基础和 HTML 语法，包括第 1、2 章的内容，主要介绍了 Web 中常用的术语和主要的 HTML 标签。通过第 1 部分的学习，读者可以制作出简单的网页。

第 2 部分是 CSS 核心原理，包括第 3～6 章的内容，主要讲解 CSS 的各类选择器、盒子模型、浮动、定位、CSS 特性等。通过第 2 部分的学习，读者可以对网页进行各种修饰、美化。

第 3 部分是 CSS 专题技术，包括第 7～10 章的内容，主要讲解各种导航的制作、网页布局的实现、表单的制作与美化、CSS3 的新增属性等。通过第 3 部分的学习，读者可以制作出整齐、美观的带交互网页。

第 4 部分是响应式 Web 设计原理，包括第 11 章的内容，主要讲解视口、媒体查询、百分比布局、弹性盒布局等。通过第 4 部分的学习，读者可以制作出能适应各类终端设备的网页。

第 5 部分即第 12 章，是综合应用，以案例的形式，利用前面 4 部分的知识讲解网站从设计到实现的全过程。

本书精选例题数十个，所有例题均在谷歌浏览器和 IE11.0 浏览器中测试通过。因为浏览器对 CSS3 属性的支持性不同，因此建议读者安装新版的谷歌浏览器，或把 IE 浏览器升级为 11.0 版本。

本书资料丰富，包括配套教学 PPT、源代码、作业、测验等。在学银在线有对应的慕课教程，网址为 http://mooc1.chaoxing.com/course/template60/100578395.html，课程名称为 Web 前端技术（HTML5 + CSS3）。

本书第 1、2 章由刘细珠编写，第 3～6 章由周西柳编写，第 7～12 章由李舒亮编写，各章动手实践和思考题由陈鹏海编写。

愿本书对读者学习 Web 前端技术有所帮助，书中难免有不足之处，真诚地欢迎读者批评指正，相互交流，共同学习进步。

编者

| 目　录 |

第1章

Web 前端技术概述

在学习 Web 前端技术之前，我们需要了解一些与之相关的互联网知识、浏览器知识，这样有助于让读者更好地学习后面章节的内容。

学习目标

1. 了解 Web 前端技术的发展历史
2. 掌握常用 Web 术语
3. 理解 Web 2.0 标准
4. 掌握常见浏览器的种类

1.1 Web 前端开发技术的发展

1.1.1 Web 1.0 时代的网页制作

网页制作是 Web 1.0 时代的产物，那个时候的网页主要是静态网页。所谓静态网页，就是不能与用户进行交互而仅仅供其浏览的网页，如一篇 QQ 日志、一篇博文等展示性文章。在 Web 1.0 时代，用户能做的唯一一件事就是浏览这个网站的内容，不能像现在的大多数网站那样评论交流（缺乏交互性）。不少人都知道"网页三剑客"，即"Dreamweaver + Fireworks + Flash"，这个组合就是 Web 1.0 时代的产物。

1.1.2 Web 2.0 时代的前端开发

"前端开发"是从"网页制作"演变而来的。从 2005 年开始，互联网进入 Web 2.0 时代，由单一的文字和图片组成的静态网页已经不能满足用户的需求，用户需要更好的体验。在 Web 2.0 时代，网页有静态网页和动态网页。所谓动态网页，就是用户不仅可以浏览网页，还可以与服务器进行交互。举个例子，用户登录新浪微博，要输入账号和密码，这个时候就需要服务器对账号和密码进行验证，通过才能登录。Web 2.0 时代的网页不仅包含动画、音频和视频，还可以让用户在网页中进行评论交流，上传和下载文件等（交互性）。这个时代的网页，如果是用"网页三剑客"制作的，那么远远不能满足需求。现在的网站开发，无论是开发难度，还是开发方式，都更接近传统的网站后台开发，所以现在不再叫"网页制作"，而是叫"Web 前端开发"。

Web 前端开发的主要工作是把 UI（User Interface，用户界面）的设计图按照 W3C 标准制作成 HTML 网页，用 CSS 进行布局美化，用 JavaScript 实现交互。构成网页的元素有文字、图像、动画、音频、视频等。其中，文字是最主要的元素。

教你一招：用浏览器打开某个网页，选择"工具"→"查看源代码"命令，可以知道该网页的结构代码，而这些代码由浏览器解析执行。

1.1.3　前端开发的核心技术

前端开发，就是创建 Web 页面或 APP 等前端界面的过程，主要通过 HTML、CSS、JavaScript 及衍生出来的各种技术、框架、解决方案，来实现互联网产品的用户界面交互。随着"大前端"概念的兴起，前端开发已经超出了传统的 Web 应用范畴。移动应用、VR、微信小程序等都纳入了前端范畴，但万变不离其宗，Web 前端技术的核心仍旧是 HTML、CSS、JavaScript。本书主要讲解 HTML5、CSS3 这两项技术。

1.2　Web 术语

在学习 Web 前端技术之前，我们先来了解一些 Web 术语。

1. Internet

Internet 就是通常所说的互联网，是指世界各地的广域网、局域网及单机按照一定的通信协议，通过光纤、电缆、路由器等设备连接成的国际计算机网络。

Internet 的两大主要功能：其一，通信，使用电子邮件通信，速度快，费用低，特别适合通信量大的用户使用；其二，信息双向交流，Telnet、FTP、Gopher、News、WWW 都是 Internet 检索和发送信息的良好工具。特别是 WWW，能够以超文本链接和多媒体的方式展示信息，成为当今 Internet 炙手可热的功能。

2. WWW

WWW（World Wide Web）的含义是"环球信息网"，简称"万维网"，是一个基于超文本（Hypertext）方式的信息检索工具，是 Internet 提供的主要功能之一。由于超文本机制能将世界范围内 Internet 上不同地点的相关信息有机地链接在一起，并以图文声等多媒体的方式展示，使 WWW 成为非常友好且有效的信息检索工具。另外，WWW 浏览器已能集成一些"传统的"Internet 功能，如 E-mail、Telnet、FTP、Gopher 和 NewsGroup，使其功能更加强大。这也是 WWW 备受青睐的原因之一。与 WWW 相关的名词是 Home Page（主页），指某 WWW 站点的进入点或用 HTML 语言编写的用于展示信息的页面。

3. URL

URL（Uniform Resource Locator，统一资源定位符）用来唯一地标识互联网上的某种资源，简称网址。URL 可以是"本地磁盘"文件，也可以是局域网上的某一台计算机中的资源，更多的是 Internet 上的站点。URL 的一般格式为：

协议名://域名或 IP [:端口号] [/文件夹名/文件名]

协议名一般有 http（超文本传输协议，用于传送网页）、ftp（文件传输协议，用于传送文件）。例如 http://www. xyc. edu. cn/ index. asp，表示信息存放在 WWW 服务器上，xyc. edu. cn 是一个已被注册的域名，index. asp 是该站点下的主页文件，这个 URL 将带用户访问该网站。

4. DNS

1）IP 地址：每个连接到 Internet 上的主机都会被分配一个 IP 地址，IP 地址是用来唯一标识互联网上计算机的逻辑地址，机器之间的访问就是通过 IP 地址来进行的。IP 地址经常被写成十进制的形式，用 "." 分开，例如，新余学院的 IP 地址为 218. 64. 252. 140。

2）域名：IP 地址毕竟是数字标识，使用时不好记忆和书写，因此在 IP 地址的基础上又发展出一种符号化的地址方案，来代替数字型的 IP 地址。每一个符号化的地址都与特定的 IP 地址对应。这个与网络上的数字型 IP 地址相对应的字符型地址就被称为域名。目前，域名已经成为互联网品牌、网上商标保护必备的要素之一，除了具有识别功能外，还有引导、宣传等作用。例如，新余学院的域名为 xyc. edu. cn。

3）DNS：在 Internet 上，域名与 IP 地址之间是一对一（或者多对一）的，域名虽然便于人们记忆，但机器之间只认识 IP 地址，它们之间的转换工作称为域名解析。域名解析需要由专门的域名解析服务器来完成，DNS 就是进行域名解析的服务器。域名的最终指向是 IP 地址，例如，我们上网时输入的网址 www. xyc. edu. cn 经过 DNS 服务器解析成 218. 64. 252. 140，根据 IP 地址与相应的主机建立连接，访问相应的网站。

5. HTTP

HTTP（HyperText Transfer Protocol）全称为超文本传输协议，是互联网上应用非常广泛的一种网络协议，主要被用于在 Web 浏览器和网站服务器之间传递信息，是基于 TCP/IP 来传递数据（HTML 文件、图片文件、查询结果等）的协议，默认使用 80 端口。HTTP 工作于客户端—服务端架构上。浏览器作为 HTTP 客户端通过 URL 向 HTTP 服务端即 Web 服务器发送所有请求，Web 服务器根据接收到的请求向客户端发送响应信息。

6. Web

Web 本意是网页的意思。对于网站设计制作者来说，它是一系列技术的总称（包括网站的前台布局、后台程序开发、数据库开发等）。Web 就是一种超文本信息系统，Web 的一个主要的概念就是超文本链接，它使得文本不再像一本书一样是固定的、线性的，而是可以从一个位置跳到另外的位置。用户可以从中获取更多的信息。用户想要了解某一个主题的内容，只要在这个主题上单击一下，就可以跳转到包含这一主题的文档上。正是这种多链接性，人们才把它称为 Web。

7. W3C

W3C（World Wide Web Consortium，万维网联盟）是 Web 技术领域非常具有权威性和影响力的国际中立性技术标准机构，创建于 1994 年。到目前为止，W3C 已发布了 200 多项影响深远的 Web 技术标准及实施指南。这些标准包括 CGI、CSS、DOM、HTML、HTTP、XHTML、XML 等。W3C 非常重要的工作是发展 Web 规范，制定 Web 标准。

1.3 Web 标准

1.3.1 什么是 Web 标准

Web 标准并不是某一个标准，而是一系列标准的集合。Web 标准包括结构（Structure）标准、表现（Presentation）标准和行为（Behavior）标准，具体如下。

结构标准：用 HTML 语言标签搭建网页的元素。

表现标准：用 CSS 来表现网页元素的外观样式。

行为标准：用 JavaScript 来实现网页元素的交互活动。

以人来比喻：人的骨骼相当于"结构"，衣服、鞋、帽相当于"表现"，行走、奔跑相当于"行为"。

基于 Web 标准的网页制作就是将网页的这 3 个组成部分独立成文件，再以某种形式组合在一起，对其中一个文件的修改不会影响其他两个文件。

1.3.2 Web 标准的优势

◇ 易于维护：只需更改 CSS 文件就可以改变网站的风格。

◇ 页面响应快：HTML 文档体积小，响应时间短。

◇ 可访问性：使用语义化的 HTML（结构和表现相分离的 HTML）编写的网页文件，更容易被屏幕阅读器识别。

◇ 设备兼容性：不同的样式表可以让网页在不同的设备上呈现不同的样式。

◇ 搜索引擎：语义化的 HTML 能更容易被搜索引擎解析，提升排名。

1.4 浏览器的种类与作用

网页文件是由浏览器来解析执行的。通过浏览器的解析渲染，用户才能看到图文并茂、排列整齐美观的页面。

浏览器的核心是它的内核，其中一个内核是"渲染引擎"，用来解释网页语法并渲染到网页上。浏览器内核决定了浏览器会如何显示网页内容以及页面的格式信息。不同的浏览器内核对网页的代码解释也不同，下面我们来对常见的浏览器进行介绍。

1.4.1 浏览器的种类

1. IE 浏览器

IE 浏览器的全称是 Internet Explorer，由微软公司推出，直接绑定在 Windows 操作系统中。目前最新的版本是 IE 11.0，内核为 Trident 。它的 CSS 私有前缀为 – ms – 。

2. 谷歌浏览器

Google Chrome 又称谷歌浏览器，是由 Google（谷歌）公司开发的开放源代码的网页浏览器。早先使用的内核为 Webkit，现在使用的内核为 Webkit 下的一个分支 Blink ，它的 CSS 私有前缀为 – webkit – 。

3. Safari 浏览器

2003 年，苹果公司在苹果手机上开发了 Safari 浏览器，利用自己得天独厚的手机市场份额使 Safari 浏览器迅速成为世界主流浏览器。Safari 是最早使用 Webkit 内核的浏览器。它的 CSS 私有前缀为 – webkit – 。

4. Firefox 浏览器

Firefox 浏览器是 Mozilla 公司旗下的浏览器。Mozilla 基金会是一个非营利组织，其在 2004 年推出自己的浏览器 Firefox（火狐）。Firefox 采用 Gecko 作为内核。CSS 前缀为 – moz – 。

国内的浏览器厂商多数采用双内核，可以自动或手动切换显示模式。

搜狗浏览器：兼容模式（IE：Trident）和高速模式（Webkit）。

傲游浏览器：兼容模式（IE：Trident）和高速模式（Webkit）。

QQ 浏览器：普通模式（IE：Trident）和极速模式（Webkit）。

360 极速浏览器：基于谷歌（Chromium）和 IE 内核。

360 安全浏览器：IE 内核。

1.4.2　浏览器的市场份额

在百度统计中可以查看浏览器的市场份额，如图 1 – 1 所示。

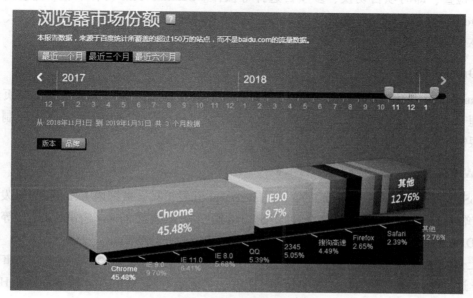

图 1 – 1　浏览器的市场份额

这是截止到 2019 年 1 月的统计数据，从图 1-1 中可以看出，Chrome 浏览器和 IE 浏览器占有市场的绝大多数的份额。这就要求制作出来的网页至少要在 Chrome 和 IE 这两类浏览器中显示相同的效果。

1.5　前端开发工具

前端的开发工具很多，本节简单介绍常用的几种。

1. "记事本" 程序

Windows 自带的 "记事本" 程序，是一款开源、小巧、免费的纯文本编辑器。建议初学者使用 "记事本" 程序写一段时间代码，它可以帮助记忆代码，理解文档结构。

2. HBuilder

HBuilder 是 DCloud（数字天堂）推出的一款支持 HTML5 的 Web 开发 IDE。HBuilder 的编写用到了 Java、C、Web 和 Ruby。HBuilder 的主体由 Java 编写，它基于 Eclipse，所以自然地兼容了 Eclipse 的插件。快是 HBuilder 的最大优势，通过完整的语法提示和代码输入法、代码块等，大幅提升 HTML、JavaScript、CSS 的开发效率。

3. Sublime Text

Sublime Text 是一款先进的代码本编辑器，具有漂亮的用户界面和强大的功能，如代码缩略图、Python 的插件、代码段等。它还可自定义键绑定菜单和工具栏。使用 Sublime Text 能够进行拼写检查、即时项目切换、多项目选择等操作。Sublime Text 具有书签、完整的 Python API、Goto、多窗口等功能。Sublime Text 是一款跨平台的编辑器，同时支持 Windows、Linux、Mac OS X 等操作系统。

4. Dreamweaver

Dreamweaver 是由 Macromedia 公司所开发的著名网站开发工具。这是一款集网页制作和网站管理于一身的所见即所得的网页编辑器。利用它可以轻松地制作出跨越平台限制和跨越浏览器限制的充满动感的网页。

5. WebStorm

WebStorm 是 JetBrains 公司旗下的一款 JavaScript 开发工具，被国内 Java Script 开发者誉为 "Web 前端开发神器" "最强大的 HTML5 编辑器" "最智能的 JavaScript IDE" 等。它与 IntelliJ IDEA 同源，继承了 IntelliJ IDEA 强大的 JavaScript 部分的功能。

以上开发工具各有自己的优势，使用哪种，全凭个人喜好。本书采用了 "记事本" 和 HBuilder 这两款软件。在学习 HTML 语法时使用了 "记事本"，目的是让初学者记住 HTML 标签代码，掌握文档结构；从 CSS 开始使用 HBuilder。

本章小结

本章首先介绍了前端技术演变的历史，它是由网页制作发展而来的；然后讲解了常用的 Web 术语，这些术语在后面的学习中都会涉及；接下来概述了 Web 标准，给出了网页制作要遵循的标准；最后介绍了浏览器的种类和市场上浏览器的份额情况。本章的重点和难点是 Web 标准的理解，后面学习都将围绕它展开。

【动手实践】

1. 在自己的计算机上安装最新版 Chrome 浏览器和 IE 浏览器。

2. 在浏览器的地址栏中输入百度的 IP 地址，即 14.215.177.39，查看和输入 www.baidu.com 是否打开的是同一个页面。理解 IP 和域名的关系。

3. 打开淘宝网，查看页面由哪些元素构成？单击链接后观察地址栏有什么变化。

【思考题】

1. 什么是 Web 标准？

2. 你常用的浏览器是什么？它的内核是什么？

3. 构成网页的元素有哪些？

第 2 章

HTML5 语法基础

本章将介绍简单易用的 HTML，它自诞生以来就一直作为 Web 的基础语言而存在。对于 Web 开发，无论是开发前端的网页，还是开发后台的 Web 应用，前端 HTML 的网页都是最终的呈现方式。本章将系统地介绍 HTML 的基本语法，它是学习后续知识的基础。

学习目标

1. 了解 HTML 的作用、文档结构和语法规范
2. 掌握 HTML 常用标签的功能和使用方法
3. 理解绝对路径和相对路径，能正确使用它们

2.1　HTML 概述

2.1.1　HTML 简介

HTML（Hypertext Marked Language，超文本标签语言）是一种用来制作超文本文档的标记签语言，是 Internet 中的所有网站共同的语言，网页都是以 HTML 格式的文件为基础的，再加上其他语言工具（如 JavaScript、VBScript 等）构成。用 HTML 编写的超文本文档称为 HTML 文档，可供浏览器解释、浏览、执行，它能独立于各种操作系统平台。

网页中的各种元素，如文字、图像、视频、音频、链接等，由 HTML 提供的标签进行标记，浏览器解析这些标签，再把它们呈现出来。HTML 提供了一套完整的标签。

HTML5 是 HTML 的最新版本，它与原来的标准相比又增加了一些新的标签，能实现更多功能，更标准化，更适合移动互联网。

2.1.2　标签

HTML 标签是组成 HTML 文档的元素，每一个标签都描述了一个功能。HTML 标签包括一对尖括号，一般成对出现。

标签可分为单标签、双标签两种。

1）单标签：只需单独使用就能完整地表达意思，这类标签的语法是：

<标签名称 />

最常用的单标签是 < br / >，它表示换行。

2）双标签：它由"始标签"和"尾标签"两部分构成，必须成对使用。其中，始标签告诉浏览器从此处开始执行该标签所表示的功能，而尾标签告诉浏览器在这里结束该功能。始标签前加一个斜杠（/）即成为尾标签。这类标签的语法是：

< 标签名称 > 内容 < / 标签名称 >

其中，"内容"部分就是被标记的网页元素。

例如 < table > 内容 < / table >，< table > 表示一个表格的开始，< / table > 表示一个表格的结束。浏览器解析这对标签时，标签中的信息就会以表格的形式呈现出来。

2.1.3 标签的属性

为了增强标签的功能，许多单标签和双标签的始标签内可以包含一些属性，其语法是：

< 标签名称　属性 1 = "属性值 1"　属性 2 = "属性值 2"　属性 3 = "属性值 3"…>

各属性之间无先后次序，属性值应该被包含在引号中，常用双引号，但是单引号也可以使用。在有些情况下，如属性值本身包含引号，就得使用单引号。

比如：name = 'John " ShotGun" Nelson'。

 注意：本书所使用的符号都是英文状态下的半角符号。

常用的属性有 align、size、width、height、href、url、src、type 等。属性可以省略（即取默认值）。

在 Web 标准中，文档结构和表现是分离的，标签属性的功能由 CSS 样式取代，所以，除去必要的属性，一般情况下标签不加属性。

2.1.4 注释语句

语法的格式：

< ! -- 　注释文　 -- >

说明：

"< ! --"：表示注释开始。

"-- >"：表示注释结束，中间的所有内容表示注释文。

注释语句可以放在任何地方，注释内容不在浏览器中显示，仅为了设计人员阅读方便。写代码时应养成加注释的习惯。

2.1.5 HTML 文档的结构

HTML 文档分为文档头和文档体两部分，头部信息包含在 < head > < /head > 之间，可对文档进行一些必要的定义和说明，如定义文档的格式、使用的编码、网页的关键字、作者信息等，它们不会在浏览器中显示。文档主体由 < body > < /body > 组成，< body > 和 < /body > 之间的内容将会被浏览器解析呈现。

文档结构图如图 2 - 1 所示。

<html> 标签为根标签，其他所有标签都包含在这对标签中，即 < html > 表示 HTML 文档的开始，</html> 表示文档的结束。

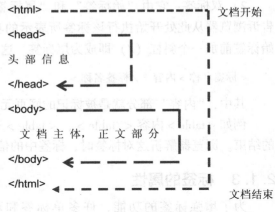

图 2 - 1　文档结构图

HTML 文档应遵循以下的语法规则：

1）HTML 文件以纯文本形式存放，扩展名为 " *.htm" 或 " *.html"。

2）< html > </html > 标签不区分大小写，建议用小写。

3）< html > </html > 标签可以嵌套、并列，但不可以交叉。

4）在 HTML 文件中，一行可以写多个标签，一个标签也可以分多行书写，不用任何续行符号。

在 HTML 中主要学习标签的使用。HTML 提供的标签很多，这里分类进行介绍，其中表单标签和布局标签将在后面的章节中单独讲解。

 提示：HTML5 文档要在最前面加声明语句：< ! DOCTYPE HTML >。

< ! DOCTYPE HTML > 声明文档类型为 HTML5 文件，在 HTML5 文档中必不可少，且必须放在文档的第一行。使用 HTML5 的声明语句，会触发浏览器以标准兼容模式来显示页面。

2.2　头部标签

2.2.1　< head > </head >

该标签出现在文件的起始部分，始标签和尾标签之间的内容不在浏览器中显示，主要用来说明文件的有关信息，如文件标题、作者、编写时间、搜索引擎可用的关键词等。其他所有的头部内标签都要包含在这对标签中间。

2.2.2　< title > </title >

语法格式：< title >网页标题</title >

说明：网页标题是提示网页内容和功能的文字，它将出现在浏览器的标题栏中。

例如，< title >淘宝网 - 淘！我喜欢</title >定义了淘宝网首页的标题。

2.2.3　< meta / >

< meta / > 标签用于定义页面的基本信息，可重复出现在 < head > 头部标签中，它是一个单标签。< meta / > 标签本身不包含任何内容，通过"名称/值"的形式定义页面的相关参数，例如为搜索引擎提供网页的关键字、作者姓名、内容描述，以及定义网页的刷新时间等。

1. 名称/值 1

语法格式：< meta name = "名称" content = "值" />

例 1：设置网页关键字。

< meta name = "keywords" content = "新余学院,普通高等院校" />

例 2：设置网页描述。

< meta name = "description" content = "以理工科为主的地方院校"/>

例 3：设置网页作者。

< meta name = "author" content = "新余学院宣传部" />

2. 名称/值 2

语法格式：< meta http - equiv = "名称" content = "值" />

例 1：设置字符集。

< meta http - equiv = "Content - Type" content = "text/html; charset = utf - 8" />

定义了网页的字符编码为 utf - 8。

例 2：设置页面自动刷新与跳转。

< meta http - equiv = "refresh" content = "10; url = http://www.xyc.edu.cn" />

定义网页隔 10 秒自动跳转到 http://www. xyc. edu. cn。

头部常用的还有一个 link 标签，我们在后面的 CSS 文件中介绍。

2.3　文本类标签

2.3.1　主体标签

语法格式：< body > < /body >

该标签表示 HTML 文档的主体部分，网页正文中的所有内容，包括文字、表格、图像、声音和动画等，都包含在这对标签之间。

2.3.2　文章标题标签

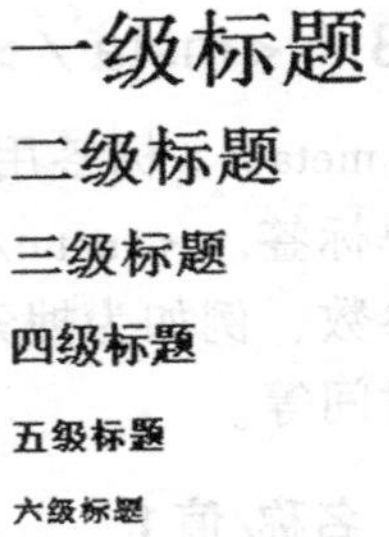

　　一般文章都有一级标题、二级标题等，HTML 也提供了相应的标题标签 < hn > ，其中 n 为标题的等级。HTML 总共提供 6 个等级的标题，n 越小，标题字号越大。图 2 - 2 列出了所有等级的标题。可以跟的属性有 align 等，align 表示对齐方式，取值有 left、middle、right，默认值为 left。

　　一般情况下，一个网页只有一个 < h1 > 标签，和一篇文章只有一个大标题同理。

　　例：

```
< body >
< h1 >一级标题 < /h1 >
< h2 >二级标题 < /h2 >
< h3 >三级标题 < /h3 >
< h4 >四级标题 < /h4 >
< h5 >五级标题 < /h5 >
< h6 >六级标题 < /h6 >
< /body >
```

一级标题
二级标题
三级标题
四级标题
五级标题
六级标题

图 2 - 2　标题效果图

2.3.3　段落标签

　　格式：< p >段落文字 < /p >

　　说明：< p >标签用来创建一个段落，在始标签和尾标签之间加入的文本将按照段落的格式显示在浏览器上。浏览器对段落标签默认解析是自动在一个段落前后添加一个空行。

　　可以加的属性有 align 等。

　　demo2 - 1. html：

```
< html >
< head >
< title >段落标签 < /title >
< /head >
< body >
< h2 align = "center" >浣溪沙 < /h2 >
< p align = "center" >
一曲新词酒一杯,去年天气旧亭台。夕阳西下几时回?
无可奈何花落去,似曾相识燕归来。小园香径独徘徊。 < /p >
< /body >
< /html >
```

　　效果如图 2 - 3 所示。

浣溪沙

　　一曲新词酒一杯，去年天气旧亭台。夕阳西下几时回? 无可奈何花落去，似曾相识燕归来。小园香径独徘徊。

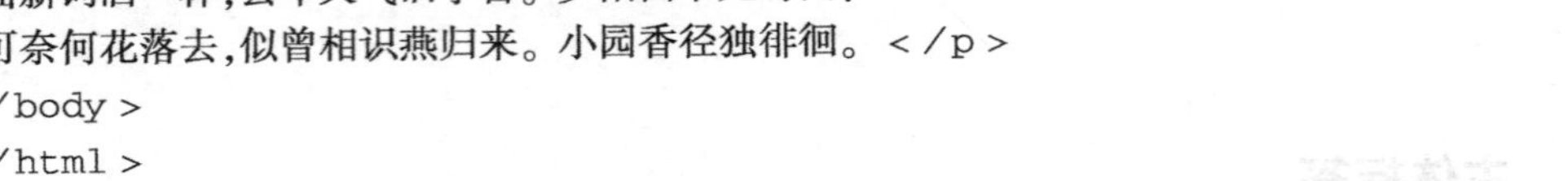

图 2 - 3　段落效果图

我们注意到，浏览器默认解析时忽略回车键和空格符号，在 HTML 文档中实现换行要用到换行标签。

2.3.4　换行标签

语法格式：

当需要结束一行，并且不想开始新段落时，使用 < br/ > 标签。< br/ > 标签不管放在什么位置都能够强制换行。它是单标签。

2.3.5　文本加粗标签

语法格式 1：< b > 文本 < /b >
语法格式 2：< strong > 文本 < /strong >

这两对标签都可以加粗文本，不同之处在于后者有强调的作用。

2.3.6　文本倾斜标签

语法格式 1：< em > 文本 < /em >
语法格式 2：< i > 文本 < /i >

这两对标签都可以倾斜文本，前者有强调的作用。

2.3.7　预格式化标签

语法格式：< pre > 预格式化文本 < /pre >

该标签可以保留文本中的空格和空行、换行，可以精简代码。

2.3.8　定义水平线标签

语法格式：< hr/ >

功能：在页面上画水平线。

说明：这是一个单标签。默认颜色为灰色，高度为 1px。可以跟 width、color 等属性。该标签用于页面上内容的分割，表示一个主题结束。

使用以上几个标签，制作了如下案例。

demo2 - 2. html：

```
< html >
< head >
< title >
加粗倾斜预格式
< /title >
< /head >
< body >
< h2 align = "center" >月下独酌 < /h2 >
< h3 align = "center" >李白 < /h3 >
```

```
<p align = "center" >
<strong >花间 </strong >一壶酒,独酌无相亲。 </br >
举杯邀明月, <b >对影成三人。 </b > </br >
月既不解饮,影徒随我身。 </br >
暂伴月将影,行乐须及春。 </br >
<em >我歌月徘徊,我舞影零乱。 </em > </br >
<i >醒时同交欢,醉后各分散。 </i > </br >
永结无情游,相期邈云汉。 </p >
<hr width = "50% "/>
<h2 align = "center" >山居秋暝 </h2 >
<h3 align = "center" >王维 </h3 >
<pre align = "center" >
空山新雨后,天气晚来秋。
明月松间照,清泉石上流。
竹喧归浣女,莲动下渔舟。
随意春芳歇,王孙自可留。 </pre >
</body >
</html >
```

效果如图 2 - 4 所示。

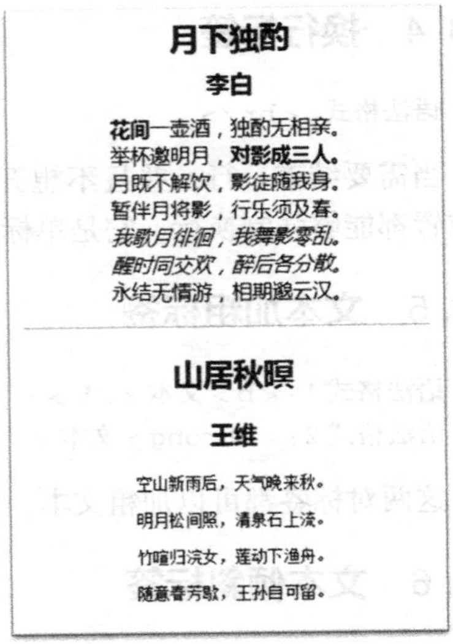

图 2 - 4 文本类标签

2.4 列表标签

列表分为无序列表、有序列表和自定义列表 3 种。

2.4.1 无序列表

语法格式：
```
<ul >
<li >列表项目 1 </li >
<li >列表项目 2 </li >
…
</ul >
```

无序列表（Unordered List）是一个没有特定顺序的列表项的集合。在无序列表中，各个列表项之间属并列关系，没有先后顺序之分，默认以圆点符号来标记。每一项用一对 li 标签。

常用的属性是 type，可以改变列表的项目符号，它的取值为 disc（默认黑色圆点）、circle（空心圆点）、square（方块）等。

2.4.2 有序列表

语法格式：
```
<ol >
```

```
<li>列表项目</li>
<li>列表项目</li>
…
</ol>
```

有序列表（Ordered List）是一个有特定顺序的列表项的集合。在有序列表中，各个列表项有先后顺序之分，它们之间以编号来标记。

常用的属性是 type，可以改变列表的项目编号，可以取值如下：

type = '1'：默认是数字。

type = 'A'：英文字母大写。

type = 'a'：英文字母小写。

type = 'I'：罗马字母大写。

type = 'i'：罗马字母小写。

列表还可以嵌套使用，也就是一个列表中还可以包含多层子列表。嵌套列表可以是无序列表的嵌套，也可以是有序列表的嵌套，还可以是有序列表和无序列表的混合嵌套，如以下代码。

demo2 - 3. html：

```
<html>
<head>
<title>列表标签</title>
</head>
<body>
<ol>
<li>数计学院
    <ul>
    <li>计算机科学与技术</li>
    <li>软件工程</li>
    <li>应用数学</li>
    </ul>
</li>
<li>外语学院</li>
<li>建工学院</li>
<li>人文学院</li>
</ol>
</body>
</html>
```

效果如图 2 - 5 所示。

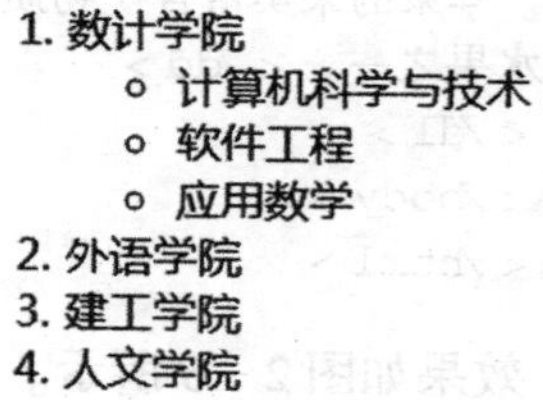

1. 数计学院
　○ 计算机科学与技术
　○ 软件工程
　○ 应用数学
2. 外语学院
3. 建工学院
4. 人文学院

图 2 - 5　列表标签

2.4.3　自定义列表

语法格式：

```
<dl>
<dt>列表项</dt>
<dd>列表项解析</dd>
<dd>列表项解析</dd>
<dt>列表项</dt>
```

```
<dd>列表项解析</dd>
<dd>列表项解析</dd>
…
</dl>
```

自定义列表的每一项前既没有项目符号，也没有编号，它通过缩进的形式使内容层次清晰。

1）<dl></dl>用来创建自定义列表。

2）<dt></dt>用来创建列表中的列表项，其只能在<dl></dl>中使用。显示时，<dt></dt>定义的内容将左对齐。

3）<dd></dd>用来创建对列表项的解析，其只能在<dl></dl>标签中使用。显示时<dd></dd>之间的内容将相对于<dt></dt>定义的内容向右缩进。解析项的内容可以是文字、段落、图片等。

demo2 - 4. html

```
<html>
<head>
<title>自定义列表</title>
</head>
<body>
<dl>
<dt>苹果</dt>
<dd><img src = "images/apple.jpg">
</dd>
<dt>香蕉</dt>
<dd><p>芭蕉科芭蕉属植物，又指其果实。热
带地区广泛栽培食用</p></dd>
<dt>葡萄</dt>
<dd>是蔷薇科苹果亚科苹果属植物，其树为落叶
乔木。苹果的果实富含矿物质和维生素，是人们经常食
用的水果之一。</dd>
</dl>
</body>
</html>
```

效果如图 2 - 6 所示。

苹果

香蕉

芭蕉科芭蕉属植物，又指其果实。热带地区广泛栽培食用。

葡萄

是蔷薇科苹果亚科苹果属植物，其树为落叶乔木。苹果的果实富含矿物质和维生素，是人们经常食用的水果之一。

图 2 - 6　自定义列表效果图

2.5　表格标签

表格可以将文本和图像按一定的行和列规则进行排列。表格由行和列构成。

语法格式：

```
<table>
<tr>
```

```
<td>表项1</td><td>表项2</td>…<td>表项n</td>
</tr>
    …
</table>
```

<tr></tr>用来创建表格中的一行，<td></td>用来创建行中的一列，每一列相当于一个单元格，内容只能写在单元格中。

常用属性说明：

1）border：设置表格线的宽度（粗细），单位为像素，n=0 为默认值，表示无边框。

2）width：设置表格宽度，取值为像素或相对于窗口的百分比。

3）height：设置表格高度，取值为像素或相对于宽度的百分比。

4）colspan：合并列。colspan="2"，表示合并同行的相邻两个单元格。

5）rowspan：合并行。rowspan="2"，表示合并同列的相邻两个单元格。

demo2-5.html：

```
<html>
<head>
<title>表格标签</title>
</head>
<body>
    <table width="500px" border=1>
    <caption>课程表</caption>
    <tr><th>时间</th><th>星期一</th><th>星期二</th><th>
    星期三</th></tr>
    <tr><td rowspan="2">上午</td><td>外语</td><td>高数</td><td>
    马哲</td></tr>
    <tr><td>体育</td><td>计算机</td><td>外语</td></tr>
    <tr><th colspan="4">午休</th></tr>
    <tr><td rowspan="2">下午</td><td>高数</td><td>体育</td><td>
    活动</td></tr>
    </table>
</body>
</html>
```

效果如图 2-7 所示。

课程表

时间	星期一	星期二	星期三
上午	外语	高数	马哲
	体育	计算机	外语
午休			
下午	高数	体育	活动

图 2-7　表格效果图

2.6　多媒体类标签

2.6.1　图像标签

语法格式：< img src = "image - url" alt = "替代文字" title = "提示文字" >

功能：在当前位置插入图像，单标签。

属性：

1）src：必要属性，设置源图像文件的 URL 地址。

2）alt：图片不能正确显示时的提示文字，非必要属性。

3）title：鼠标指针移到图片上的提示文字，非必要属性。

网页中常用的图像格式为 GIF、JPG 或 PNG。

1）GIF 格式。GIF 格式的图片是矢量图，由点、线组成。它支持动画，支持透明（全透明或全不透明），文件较小。同时，GIF 也是一种无损的图像格式，也就是说，修改图片之后，图片质量几乎没有损失。因此 GIF 很适合在互联网上使用，但 GIF 只能处理 256 种颜色。在网页制作中，GIF 格式常常用于 Logo、小图标及其他色彩相对单一的图像。

2）JPG 格式。JPG 格式的图片是像素图，由像素点组成，所以可以呈现丰富色彩的图像，如照片、油画、广告图等。但是 JPG 是一种有损压缩的图像格式，这就意味着每修改一次图片都会造成一些图像数据的丢失。另外，文件较大。

3）PNG 格式。相对于 GIF，PNG 最大的优势是体积小，支持 Alpha 透明（全透明、半透明、全不透明），并且颜色过渡更平滑，但 PNG 不支持动画。它是 Fireworks 的默认图片格式。

例如，在前面的 demo2 - 3. html 中插入两张图片，再加上背景图，网页马上就变得绚丽起来。

demo2 - 6. html：

```
< html >
< head >
< title >
多媒体图像标签
< /title >
< /head >
< body background = "images/63.jpg" >
< h2 align = "center" >月下独酌 < /h2 >
< h3 align = "center" >李白 < /h3 >
< p align = "center" >
< strong >花间 < /strong >一壶酒,独酌无相亲。 < /br >
举杯邀明月,< b >对影成三人。 < /b > < /br >
月既不解饮,影徒随我身。 < /br >
暂伴月将影,行乐须及春。 < /br >
< em >我歌月徘徊,我舞影零乱。 < /em > < /br >
```

```
<i>醒时同交欢,醉后各分散。</i></br>
永结无情游,相期邈云汉。</p>
<img  src="images/96.gif" title="分组线条图"
alt="线条图">
<h2 align="center">山居秋暝</h2>
<h3 align="center">王维</h3>
<pre align="center">
空山新雨后,天气晚来秋。
明月松间照,清泉石上流。
竹喧归浣女,莲动下渔舟。
随意春芳歇,王孙自可留。</pre>
<img  src="images/73.gif" align="right" alt
="线条图2">
</body>
</html>
```

效果如图2-8所示。

图2-8　demo2-6.html效果

2.6.2　视频标签

语法格式:<video src="视频文件路径">您的浏览器不支持video标签</video>

其中,src是必需的属性,指出目标文件的地址。其他属性都是可选的。常用属性见表2-1。

表2-1　视频标签常用属性列表

属性	允许取值	取值说明
src	url	要播放的视频URL
autoplay	autoplay	如果出现该属性,则视频就绪后马上播放
controls	controls	如果出现该属性,则向用户显示控件,如播放按钮
loop	loop	如果出现该属性,则当媒体文件播放完后再次开始播放
height	pixels	设置视频播放器的高度
width	pixels	设置视频播放器的宽度
poster	imgurl	加载等待的画面图片

<video>标签支持3种视频格式,具体如下。

OGG:带有Theora视频编码和Vorbis音频编码的ogg文件。

MP4:带有H.264视频编码和AAC音频编码的MPEG 4文件。

WEBM:带有VP8视频编码和Vorbis音频编码的WEBM文件。

这3种视频文件浏览器的支持情况见表2-2。

表2-2　浏览器对视频标签的支持性

视频格式	IE 9	Firefox 4.0	Opera 10.6	Chrome 6.0	Safari 3.0
OGG		支持	支持	支持	
MP4	支持			支持	支持
WEBM		支持	支持	支持	

注:Firefox的最新版本Firefox Quantum支持MP4格式。

例如：＜video src＝" movie. mp4" controls ＞您的浏览器不支持视频文件＜／video ＞

如果用户浏览器不支持视频格式，将显示"您的浏览器不支持视频文件"提示信息。

到目前为止，没有一种视频格式让所有浏览器都支持，为此，HTML5 中提供了＜source ＞标签，用于指定多个备用的不同格式的文件路径，语法如下：

```
<video controls >
    < source src = "视频文件地址" type = "video/mp4" >
    < source src = "视频文件地址" type = "video/ogg" >
    < source src = "视频文件地址" type = "video/webm" >
</video >
```

例如：

```
<video >
< source src = "movie.webm" type = "video/webm" >
< source src = "movie.ogg" type = "video/ogg" >
< source src = "movie.mp4" type = "video/mp4" >
</video >
```

2.6.3　音频标签

语法格式：＜audio　src＝"音频文件路径"＞您的浏览器不支持 audio 标签＜／audio ＞

常用属性同视频标签＜video ＞。

＜audio ＞标签支持 3 种音频格式：MP3、WAV 和 OGG。这 3 种音频文件浏览器的支持情况见表 2－3。

表 2－3　浏览器对音频标签的支持性

音频格式	IE 9	Firefox 3.5	Opera 10.5	Chrome 3.0	Safari 3.0
OGG		支持	支持	支持	
MP3	支持			支持	支持
WAV		支持	支持		支持

没有一种音频格式文件能被所有浏览器支持，因此，多个音频源可以使用＜source ＞标签来定义，语法如下：

```
<audio controls >
< source src = "音频文件路径" type = "audio/mpeg" >
< source src = "音频文件路径" type = "audio/ogg" >
< source src = "音频文件路径" type = "audio/wav" >
您的浏览器不支持 audio 标签
</audio >
```

例如：

```
<audio controls >
< source src = "horse.ogg" type = "audio/ogg" >
< source src = "horse.mp3" type = "audio/mpeg" >
您的浏览器不支持 audio 标签
</audio >
```

2.7　绝对路径和相对路径

初学者使用图像标签时，经常遇到图像文件不能正确显示出来的问题，原因有如下几种：

1）文件名不正确；

2）文件的 URL 地址不对；

3）文件的格式不对。

其中第 2 种情况最多，如何正确使用 URL，这里涉及绝对路径和相对路径的问题。

网页中文件路径的使用方法通常分为两种：绝对路径和相对路径。

2.7.1　绝对路径

1）指网址。例如 http://www.itcast.cn/images/logo.gif，这种方式在链接到其他网站时会用到。

2）指从盘符出发到达当前文件的路径。例如 D:\chapter02\images\logo.gif，这种方式在网页设计中基本不用，因为文件上传到服务器后，本地的 D 盘和服务器的 D 盘不是同一个盘符，路径会发生错误。

2.7.2　相对路径

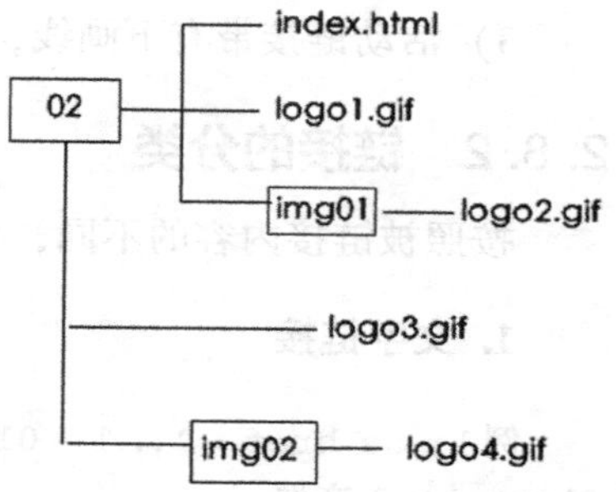

相对路径是指以当前文件为起点，通过层级关系找到目标文件位置所经过的路径。相对路径的设置分为以下 3 种，以图 2-9 为例来进行讲解，假设当前文件为 index.html。

1）目标文件 logo1.gif 和当前文件 index.html 位于同一文件夹 02 之下，只需输入目标文件的文件名即可，如 < img src = "logo1.gif" / >。

图 2-9　文件目录结构图

2）目标文件 logo2.gif 位于当前文件 index.html 的下一级文件夹 img01 中，则输入文件夹名和文件名，之间用 "/" 隔开，则表示为 < img src = "img01/logo2.gif" / >。

3）目标文件 logo3.gif 位于当前文件 index.html 的上一级 02 文件夹中，则上一级文件夹用 "../" 表示，如果是上两级则用 "../../" 表示，以此类推。例如，目标文件 logo3.gif 位于当前文件的上一级文件夹中，则表示为 < img src = "../logo3.gif" / >；目标文件 logo4.gif 在上一级 02 文件夹的某个子文件夹 img02 中，则表示为 < img src = "../img02/logo4.gif" / >。

2.8　链接标签

超链接是网页中最重要的元素之一，是网站的灵魂。一个网站是由多个页面组成的，页面之间依靠超链接确定相互关系。

2.8.1　创建链接

语法格式：< a href ＝ "file - url"　target ＝ "value" >被链接内容 < /a >

属性说明：

1）href：链接到的目标文件的 URL 地址，该属性是必需的。

2）target：指定打开目标文件的窗口。

①当 target ＝ "_self" 时，表示在原窗口显示目标文件。

②当 target ＝ "_blank" 时，表示在新窗口显示目标文件，对同一个超链接单击几次，就会有几个新开窗口。

③当 target ＝ "new" 时，跟_blank 不同，多次单击同一个超链接，只会打开一个新窗口。

注：链接地址 URL 基本使用相对地址。

浏览器对 a 标签的默认解析是：

1）未被访问的链接带有下画线，字体是蓝色的。

2）已被访问的链接带有下画线，字体是紫色的。

3）活动链接带有下画线，字体是红色的。

2.8.2　链接的分类

按照被链接内容的不同，可把超链接分为以下几类。

1. 文字链接

例1：< a href ＝ "../1 - 01/first.html" target ＝ "_self" >欣赏 < /a >，在原窗口打开 first.html 文件。

例2：< a href ＝ "http://www.sina.com.c" target ＝ "_blank_" >新浪 < /a >，在新窗口打开新浪首页。

2. 图像链接

例1：< a href ＝ "qiu.mp3" > < img src ＝ "images/xia.jpg" > < /a >，链接的目标文件如果是音频文件,则提供下载或打开任务

例2：< a href ＝ "说明 .doc" > < img src ＝ "images/xia.jpg" > < /a >，链接的目标文件如果是 Office 文档,则提供下载或打开任务。

例3：< a href ＝ "images/pic/xia.jpg" > < img src ＝ "../1 - 01/zai.jpg"　target ＝ "new" > < /a >

 提示：链接的目标文件可以是网页、URL、文件、图片、音频、视频等任何网页元素。

3. 空链接

语法格式：< a href ＝ "#" >被链接的内容 < /a >

目标文件为 "#"，表示不指向任何目标，常用于调试代码。

4. 电子邮件链接

语法格式：< a href ＝" mailto：邮件地址" >链接文字 </a >

邮件地址必须完整。

例如：< a href ＝" mailto：xyxy667 @ 126. com" >联系我们 </a >

5. 锚点链接

有些网页的内容比较多，导致页面很长，用户需要拖动浏览器的滚动条才能找到需要的内容。超级链接的锚功能可以解决这个问题，锚可在单个页面内的不同位置实现跳转，有的地方称为书签。锚点链接的语法：

语法格式 1：< a name ＝"锚点的名字" > </a >

在网页中的某一个位置设置锚点。

语法格式 2：< a href ＝" #锚点的名字" >链接文字 </a >

单击链接文字，跳转到锚点位置。

百度百科，就是通过锚点来实现跳转的。

demo2 - 7. html：

```
< html >
< head >
< title >超级链接的设置 </title >
< /head >
< body >
< a name ＝ "top" >这里是顶部的锚 </a > <br/ >
< a href ＝ "#1" >第 1 任 </a > <br/ >
< a href ＝ "#2" >第 2 任 </a > <br/ >
< a href ＝ "#3" >第 3 任 </a > <br/ >
< a href ＝ "#4" >第 4 任 </a > <br/ >
< a href ＝ "#5" >第 5 任 </a > <br/ >
< a href ＝ "#6" >第 6 任 </a > <br/ >
< h2 >美国历任总统 </h2 >
```

● 第 1 任(1789—1797) < a name ＝ "1" >这里是第 1 任的锚 </a > <br/ >

姓名:乔治·华盛顿 <br/ >

George Washington <br/ >

生卒:1732—1799 <br/ >

政党::联邦

● 第 2 任(1797—1801) < a name ＝ "2" >这里是第 2 任的锚 </a > <br/ >

姓名:约翰·亚当斯 <br/ >

John Adams <br/ >

生卒:1735—1826 <br/ >

政党::联邦 <br/ >

● 第 3 任(1801—1809) < a name ＝ "3" >这里是第 3 任的锚 </a > <br/ >

姓名:托马斯·杰斐逊 <br/ >

Thomas Jefferson <br/ >

生卒:1743—1826 <br/ >

效果如图 2 -10 所示。

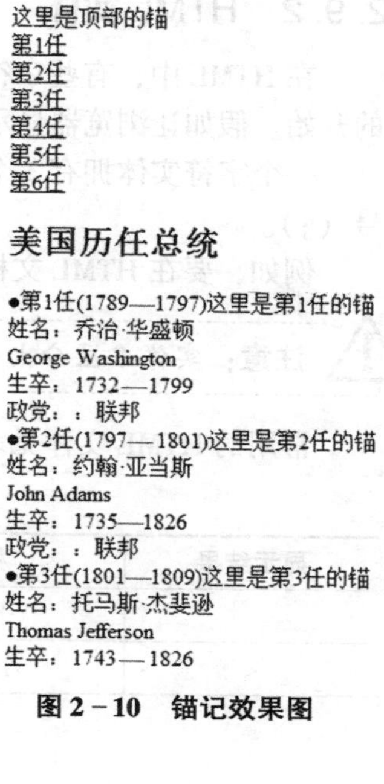

图 2 -10　锚记效果图

2.9　其他标签

以上各节对 HTML 标签的划分是按功能进行的，如果按标签的显示形式来划分，HTML 标签分为块元素、行元素（也称内联元素）和行块元素。

2.9.1　典型的块元素和行元素

块元素：在浏览器显示时，会以新行来开始（和结束），默认显示宽度为窗口的宽度，高度为内容的高度。可以通过属性或样式来改变宽度和高度，如＜h1＞、＜p＞、＜ul＞、＜table＞等。

行元素：在显示时通常不会以新行开始，而是在一行内显示，自动换行，不可以设置宽度和高度，＜a＞、＜b＞、＜i＞、＜strong＞。

行块元素：即有行元素的特点，内容在一行显示，自动换行；又有块元素的特点：可以设置元素的宽和高，如＜img＞、＜input＞。

1. 块元素 div

块元素 div 无任何语义，可以包含表格、图像等网页元素，相当于一个容器，主要用来把网页文档分割为独立的、不同的区块，以及定义样式，进行排版布局。

2. 行元素 span

行元素 span 无语义，它的存在纯粹是为了应用样式。给一段内容加上＜span＞＜/span＞后，可以通过在 span 上定义样式来设定其内容的形式。

2.9.2　HTML 实体

在 HTML 中，有些字符拥有特殊含义，比如，可将小于号"＜"定义为一个 HTML 标签的开始。假如让浏览器显示这些字符，必须在 HTML 代码中插入字符实体。

一个字符实体拥有 3 个部分：一个 and 符号（&）、一个实体名或者一个实体号、一个分号（;）。

例如，要在 HTML 文档中显示一个小于号，可以写成 < 或者 &#60。

　注意：实体名区分大小写。

常用的 HTML 实体见表 2-4。

表 2-4　常用的 HTML 实体

显示结果	描述	实体名称	实体编号
	空格		
＜	小于号	&lt;	&#60;

（续）

显示结果	描述	实体名称	实体编号
>	大于号	&gt;	&#62;
&	和号	&amp;	&#38;
"	引号	&quot;	&#34;
'	撇号	'（IE 不支持）	&#39;
¢	分（cent）	&cent;	&#162;
£	镑（pound）	&pound;	&#163;
¥	元（yen）	&yen;	&#165;
€	欧元（euro）	&euro;	&#8364;
§	小节	&sect;	&#167;
©	版权（copyright）	&copy;	&#169;
®	注册商标	&reg;	&#174;
TM	商标	&trade;	&#8482;
×	乘号	&times;	&#215;
÷	除号	&divide;	&#247;

本章小结

　　本章介绍了 HTML 语法规则、文档结构，详细讲解了 HTML 文本、列表、多媒体、超链接等标签的功能和属性，特别提到了属性中绝对路径和相对路径的使用。

　　通过本章的学习，读者应熟悉 HTML 文档的结构，熟练使用文本、列表、多媒体、超链接等标签来标记各种信息元素，为后面的学习打下良好的基础。

【动手实践】

　　1. 请根据所学的 HTML 标签制作 3 个页面，再制作一个简单的首页，把这 3 个页面链接起来。题材自选。

　　2. 仿照百度百科，利用锚点链接制作一个单页面跳转网页。

【思考题】

　　1. 写出你掌握的双标签和单标签，它们分别属于块元素还是行元素？

　　2. HTML5 文档的声明语句是否可以省略？为什么？

　　3. 标签是否可以嵌套？是否可以交叉？

第 3 章

CSS 样式基础

为了增强标签的功能，设计者会给 HTML 标签添加一些属性，但这造成的问题是文档的结构和表现形式混杂在一起，给后期维护、修改带来了很大的困难。为了解决这个问题，万维网联盟（W3C）引入了 CSS 规范来专门负责页面的风格样式，使得网页的结构和表现形式分离，从而大大提高网页开发的效率，也使得后期维护变得更轻松。同时，使用 CSS 可以减少网页的代码量，增加网页的浏览速度。

学习目标

1. 了解 CSS 及其特点
2. 掌握 CSS 的语法规则
3. 掌握 CSS 的基本选择器
4. 掌握 CSS 样式的引用方法
5. 掌握运用 CSS 设置文本样式的方法

3.1 CSS 概述

CSS（Cascading Style Sheets，层叠样式表）是一种用来表现 HTML 或 XML 的标记语言，属于浏览器解释型语言，可以直接由浏览器执行，不需要编译。它是由 W3C 的 CSS 工作组发布、推荐和维护的。1994 年，哈肯·维姆莱提出了 CSS 的最初建议；1996 年 12 月，W3C 推出了 CSS 规范的第一个版本；1998 年，W3C 发布了 CSS 的第二个版本，即 CSS 2.0；2001 年 5 月，W3C 开始进行 CSS3 标准的制定。

CSS 样式文件是纯文本格式文件。在编辑 CSS 时，可以使用简单的纯文本编辑工具，如记事本，或者使用其他专业的 CSS 编辑工具，如 HBuilder 等。

3.2　CSS 语法规则

　　CSS 样式是由若干条样式规则组成的，这些样式规则可以应用到不同的元素或文档上。CSS 规则由两部分组成：选择器和声明语句（组）。

　　基本语法：

```
selector {
property1: value1;
property2: value2;
...
propertyn: valuen;
}
```

　　选择器：selector 用来指定需要设置样式的元素或文档即 HTML 对象。

　　声明语句（组）：通过属性（property）和属性值（value）描述样式的具体内容，多组声明语句用分号（;）分隔。声明语句不分先后顺序。

　　下面这段代码的作用是将 < h2 > 元素的字体定义为宋体，设置字体大小为 15px、字体颜色为红色。

```
h2 {
font - family:宋体;
font - size:15px;
color:red;
}
```

　　在这里，h2 是选择器，3 条声明语句中，font-family、font-size 和 color 是属性，宋体、15px 和 red 是对应的属性值。

　　CSS 规则的应用就是对 "选择器" 指定对象的某些属性进行设置，得到对该对象应用这些属性值表现出来的样式的过程。

　　CSS 语法规则书写注意事项：

　　◇ 选择器严格区分大小写，声明语句不用区分大小写，但一般建议小写；

　　◇ 样式中的所有符号都是英文标识符号；

　　◇ 单个属性值中如果包含空格，那么该属性值应该加英文引号。例如 font-family:" Times New Roman"，这里的 "Times New Roman" 表示一个属性值，属性值中包含了空格，所以要用英文引号标注；

　　◇ 养成给 CSS 加注释的好习惯；

　　◇ CSS 不解析空格，可以使用 < Tab > 键、< Enter > 键或空格键来排版，但属性值和单位之间不能有空格。例如，p{font - size:24px;}中的 24 和单位 px 之间不能有空格。

3.3　CSS 基本选择器

选择器是 CSS 中非常重要的概念，CSS 提供了大量的选择器，可以分为基本选择器和复合选择器。本节主要介绍基本选择器，复合选择器及相关内容将在第 4 章做详细介绍。

基本选择器包括标签选择器、类别选择器和 ID 选择器。

3.3.1　标签选择器

HTML 文档的标签是 CSS 样式规则中非常常见、非常基本的选择器。我们可以直接将 HTML 的标签作为选择器的名称，如 p、h1、em，甚至是 html 本身。

基本语法：

```
element{property: value;…}
```

例如：

```
h1{text – align: center;}
h3{text – align:right;text – decoration:underline;}
p{font – size:16px;text – indent:2em;line – height:150% ;}
```

如果在网页中定义这段样式表，页面中的所有 <h1> 标题、<h3> 标题和段落 <p> 元素都会自动地表现出样式表中定义的样式。

demo3 – 1. html：

```
<! DOCTYPE HTML >
<html >
    <head >
        <meta charset = "UTF – 8 "/ >
        <title >标签选择器 </title >
        <style >
            h1{text – align: center;}
            /*设置对齐方式为居中对齐 */
            h3{text – align:right;text – decoration:underline;}
            /*设置对齐方式为右对齐,添加下画线 */
            p{font – size:16px;text – indent:2em;line – height:150% ;}
            /*设置字体大小为16px,段落首行缩进两个字符,行间距为150% */
        </style >
    </head >
    <body >
        <h1 >故都的秋 </h1 >
        <h3 >郁达夫 </h3 >
        <p >秋天,无论在什么地方的秋天,总是好的;可是啊,北国的秋,却特别地来得清,来得静,来
得悲凉。我的不远千里,要从杭州赶上青岛,更要从青岛赶上北平来的理由,也不过想饱尝一尝这
```

"秋",这故都的秋味。＜/p＞

　　＜p＞江南,秋当然也是有的,但草木凋得慢,空气来得润,天的颜色显得淡,并且又时常多雨而少风;一个人夹在苏州上海杭州,或厦门香港广州的市民中间,混混沌沌地过去,只能感到一点点清凉,秋的味,秋的色,秋的意境与姿态,总看不饱,尝不透,赏玩不到十足。秋并不是名花,也并不是美酒,那一种半开、半醉的状态,在领略秋的过程上,是不合适的。＜/p＞

　　＜span＞......＜/span＞
＜/body＞
＜/html＞

图 3-1 所示为该文档在浏览器中的显示效果。

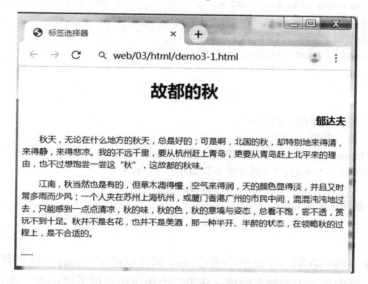

图 3-1　定义了标签选择器的页面浏览效果

　　标签选择器定义的规则不需要进行额外的引用,标签选择器能快速为页面中由同一标签描述的网页内容统一样式。但这同时也是它的缺点,不能设计差异化的样式,例如本例中的两个段落都自动应用了字体大小为 16px、首行缩进两个字符和行间距为 150% 的样式。

3.3.2　类别选择器

　　网页中通过使用标签选择器控制文档中所有该标签的样式,但是在实际设计过程中,有些由相同标签定义的不同对象需要显示不同的样式,这时就需要利用其他选择器来实现差异化的样式定义,例如可以利用类别选择器轻松地将文档中多个 ＜p＞ 段落设置成不同的样式。

　　基本语法:

```
.class{property:value;…}
```

　　类名由用户自定义,前面用一个"."来标记。类名可以是任意英文字符串或英文字母与数字的组合(数字不能作为第一个字符),例如:

```
.test1{text-decoration:underline;}
.test2{font-family:华文彩云;}
.test3{font-style:italic;} /*设置文本为斜体*/
```

由类别选择器定义的样式不会自动被引用，需要使用 HTML 标签的 class 属性来引用，如下所示。

demo3－2. html：

```
<! DOCTYPE HTML >
<html >
    <head >
        <meta charset = "UTF－8"/ >
        <title >类别选择器 </title >
        <style type = "text/css" >
            .test1{text－decoration:underline;}
            .test2{font－family:华文彩云;}
            .test3{font－style:italic;}
        </style >
    </head >
<body >
        <h1 >望庐山瀑布 </h1 >
        <h3 >唐－李白 </h3 >
        <p class = "test1" >日照香炉生紫烟，</p >
        <p class = "test2" >遥看瀑布挂前川。</p >
        <p class = "test1 test3" >飞流直下三千尺，</p >
        <p >疑是银河落九天。</p >
    </body >
</html >
```

在这段代码中，我们在第一个段落中通过 class 属性引用了"test1"选择器定义的样式，因此这段文字在浏览器中显示为添加下画线；在第二个段落中引用了"test2"选择器定义的样式，这段文字的字体被设置为"华文彩云"；在第三个段落中，我们同时引用了"test1"和"test3"选择器定义的样式，这段文字将显示为斜体并添加了下画线。效果如图3－2所示。

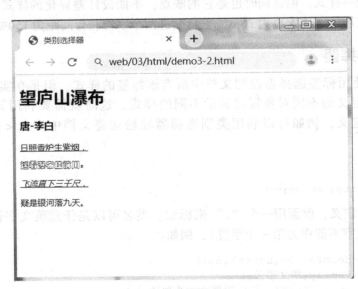

图 3－2　类别选择器定义的样式效果

通过这个案例，我们了解到类别选择器具有以下几个特点：

◇ 只有引用的样式才能作用于指定对象；

◇ 可以将一个类别选择器应用于多个元素；

◇ 一个元素上也可以应用多个类别选择器。

3.3.3　ID 选择器

ID 选择器的使用方法和类别选择器基本相同，定义了样式规则之后，通过标签的 id 属性来引用。它主要针对具有 id 属性的对象设置样式规则。

基本语法：

```
#id{property: value;…}
```

id 名由用户自定义，前面用一个 "#" 来标记，例如：

```
#one{font-weight:bold;} /*设置字体加粗显示*/
#two{text-decoration:underline;}
```

引用的方法和类别选择器类似，如 demo3 - 3. html。

demo3 - 3. html：

```
<!DOCTYPE HTML>
<html>
<head>
    <meta charset = "UTF-8">
    <title>ID选择器</title>
    <link rel = "stylesheet" type = "text/css" href = "../css/demo3-3.css"/>
</head>
<body>
    <h1>静夜思</h1>
    <h3>唐-李白</h3>
    <p id = "one">床前明月光,</p>
    <p id = "two">疑是地上霜。</p>
    <p>举头望明月,</p>
    <p>低头思故乡。</p>
</body>
</html>
```

文档中的 demo3 - 3. css 是引用的外部样式表文件，包含了#one 和#two 定义的样式规划，具体引用方法在 3. 4 节会详细介绍。

正常情况下，ID 属性值在文档中是具有唯一性的，所以 ID 选择器和类别选择器最大的区别就是：一个 ID 选择器只能被引用一次，针对性强；一个元素只能引用一个 ID 选择器。因此一般大结构用 ID 选择器，如标志、导航、主体内容、版权等，结构内部用类别选择器。

3.3.4　选择器分组

选择器分组其实就是一种 "集体声明"，对具有相同样式的多个基本选择器同时进行声明，这样做可以得到更简洁的样式表。

例如，在一个样式表中，对 h1、h3 及 .test1 做了如下样式规则的定义：

```
h1{
    color:#0033CC;
    text - align: center;
}
h3{
    color:#0033CC;
    text - align: center;
    font - style:italic;
}
.test1{
    color:#0033CC;
    text - align: center;
    font - size:24px;
}
```

通过对样式表的观察，可以看到 h1、h3 和 .test1 包含了部分相同的样式规则，此时我们可以利用选择器分组的方法简化上述代码：

```
h1,h3,.test1{
    color:#0033CC;
    text - align: center;
}
h3{font - style:italic;    }
.test1{font - size:28px;    }
```

利用选择器分组的原理，我们可以在文档样式定义之初对大量的标签设置相同的样式，从而完成文档的初始化设置，例如：

```
body,h1,h2,h3,p,span,em,ul,li,a{
    margin:0;                      /*设置元素默认的外边距为0*/
    padding:0;                     /*设置元素默认的内边距为0*/
    font - size:16px;              /*设置文档默认的字体大小*/
    font - family:"arial, helvetica, sans - serif";        /*设置默认字体*/
}
```

更多的时候是对文档中所有的标签进行初始化定义，这时无法将它们全部一一写出来。CSS2 提供了一个通配符选择器，用"*"来描述所有的标签，例如：

```
* {color:gray; }        /*表示将文档中所有标签的颜色属性都设置为灰色*/
```

3.4 CSS 样式的引用

了解了 CSS 的基本选择器之后，就可以使用 CSS 对页面进行样式控制。在网页中应用 CSS 样式表有 4 种方式：内联样式、内部样式表、外部样式表和导入样式表。当读到样式表文件时，浏览器会根据样式表来格式化 HTML 文档。

3.4.1　内联样式

内联样式也称为行内样式，通过标签的 style 属性来设置元素的样式。例如：

```
< p style = "font – family:'黑体';color:gold;" >举头望明月，</ p >
< p style = "font – size:18px;color:brown" >低头思故乡。</ p >
```

内联样式只对其所在的标记及嵌套在其中的子标记起作用。内联样式使用简单，但需要为每个标记设置 style 属性，后期维护成本高，代码"过胖"。

这种方式依然将表现和内容混杂在一起，没有体现出引入 CSS 的优势，所以日常使用较少。

3.4.2　内部样式表

内部样式表也称为内嵌式样式表，是将 CSS 代码集中写在 HTML 文档的 < head > 与 </head > 标记之间，并且用 < style > 标记定义。例如：

```
< head >
< style >
    h1{text – align: center;}
    p{font – size:16px;text – indent:2em;line – height:150% ;}
< /style >
< /head >
```

内部样式表定义的样式只对当前文档有效，所以一般适用于单个文档需要特殊样式时。本章案例 demo3 – 1. html 和 demo3 – 2. html 均采用的是内部样式表的方法。

3.4.3　外部样式表

外部样式表也称为链接式样式表，是将所有的样式规则放在一个或多个以 . css 为扩展名的外部样式表文件中，通过 < link / > 标记将外部样式表文件链接到 HTML 文档中。下面来看一个案例文件。

demo3 – 3. html：

```
<! DOCTYPE HTML >
< html >
< head >
    < meta charset = "UTF – 8" >
    < title >ID 选择器 < /title >
    < link rel = "stylesheet" type = "text/css" href = "../css/demo3 – 3.css"/ >
< /head >
< body >
    < h1 >静夜思 < /h1 >
    < h3 >唐 – 李白 < /h3 >
    < p id = "one" >床前明月光，</ p >
    < p id = "two" >疑是地上霜。</ p >
    < p >举头望明月，</ p >
    < p >低头思故乡。</ p >
< /body >
< /html >
```

下面是包含所有样式规则的 demo3 – 3. css 文件：

```
#one{font-weight:bold;}
#two{text-decoration:underline;}
```

同一个 CSS 文件可以被链接到多个 HTML 文件中，使它们具有相同的样式风格。当需要对样式进行修改时，只需要对该样式文件进行修改，就可以自动同步到所有链接了该样式文件的 HTML 文件中，大大减少了后期维护的工作量。

一个 HTML 文件也可以同时链接多个样式文件：

```
<head>
    <link rel="stylesheet" type="text/css" href="../css/demo3-2.css"/>
    <link rel="stylesheet" type="text/css" href="../css/demo3-3.css"/>
</head>
```

从这个案例中，我们可以看到所有的 CSS 代码从 HTML 文件中分离出来，使得前期制作和后期维护都十分方便。因此，使用外部样式表是最常用的一种方法。

3.4.4 导入样式表

导入样式表与外部样式表的功能基本相同，只是语法和运行方式上略有区别。导入样式表在 <style> 标记中通过@ import 将 CSS 文件导入。

导入方法参考如下：

```
<style type="text/css">
    @import url("../css/demo3-3.css");
</style>
```

导入样式表和外部样式表的主要区别：采用外部样式表时，会在加载页面主体部分之前装载 CSS 文件，这样显示出来的网页从一开始就是带有样式的，显示出来的效果和预期的效果是一致的；采用导入样式表时，会在整个页面加载完成后再装载 CSS 文件，所以当网页文件比较大或者网速比较慢时，导入样式表可能会使客户端先呈现出 HTML 结构，再看到装载了 CSS 样式之后的文件。

导入样式表和外部样式表最后看到的效果是一样的。

3.5 CSS 文本样式

掌握了 CSS 基本选择器和样式引入的方法后，我们就可以开始使用 CSS 对网页中文本的样式进行设置，实现更丰富的页面效果。

3.5.1 CSS 字体

CSS 字体属性定义文本的字体系列、大小、加粗、风格（如斜体）和变形（如小型大写字母）。

1. 字体系列

font-family 属性用于设置字体系列。网页中常用的字体有宋体、微软雅黑、黑体等。例如:

```
h1{font-family:"微软雅黑";}
```

font-family 可以同时为文本指定多种字体,中间以逗号隔开,表示如果浏览器不支持第一种字体,则会尝试下一种,直到找到合适的字体。例如:

```
body{font-family:'times new roman',times,serif;}
```

这里的 serif 是一种通用字体系列,它是拥有相似外观的字体系列组合,一般建议在所有的 font-family 规则中提供一种通用字体系列,这样当用户代理无法提供匹配的字体时,可以选择一种候选字体。

2. 字体大小

font-size 属性用于设置字体的大小。该属性的值可以使用相对长度单位,也可以使用绝对长度单位。常用的相对长度单位和绝对长度单位见表 3 - 1 和表 3 - 2。

表 3 - 1　相对长度单位

相对长度单位	说明
em	相当于当前的字体尺寸
px	像素

表 3 - 2　绝对长度单位

绝对长度单位	说明	绝对长度单位	说明
in	英寸	mm	毫米
cm	厘米	pt	点

绝对长度是指将字体设置为指定的大小后,不允许用户在浏览器中改变字体大小,而设置成相对大小的字体后,字体的大小相对于周围元素来设置,允许用户在浏览器中改变字体大小。默认情况下,普通文本的字体大小是 16px。

设置字体的一般方法:

```
p{font-size:16px;}
```

1em 等于当前的字体尺寸,em 的值会相对于父元素的字体大小而改变。下面通过案例来了解一下。

demo3 - 4. html:

```
<! DOCTYPE HTML >
<html >
<head >
    <meta charset = "UTF - 8" />
    <title>CSS 字体</title>
    <link rel = "stylesheet" type = "text/css" href = "../css/demo3 - 4.css"/>
```

```
</head>
<body>
    <h1>望庐山瀑布</h1>
    <h3>唐 - 李白</h3>
    <p class = "test1">日照香炉生紫烟，</p>
    <p>遥看瀑布挂前川。</p>
    <p>飞流直下三千尺，</p>
    <p>疑是银河落九天。</p>
</body>
</html>
```

demo3 - 4. html 文件通过 < link / > 引用了 demo3 - 4. css 样式文件。demo3 - 4. css 文件定义了如下样式规则：

```
body{font - size:24px;}
p{font - size:16px;}
```

此时文档中的 4 句古诗句的字体大小均显示为 16px，我们进一步在 "demo3 - 4. css" 样式文件中增加一个由类别 "test1" 定义的规则，具体如下：

```
body{font - size:24px;}
p{font - size:16px;}
.test1{font - size:1em;}
```

由类别 "test1" 设置字体大小为 1em，此时的 1em 参照父元素 body 的大小，等于 24px，于是诗句 "日照香炉生紫烟，" 会显示为 24px，其他 3 句古诗句依然显示为 16px。

如果将样式规则中 body 的字体大小修改为 48px，此时对于引用了 "test1" 的元素而言 1em 就等于 48px。

3. 字体加粗

font-weight 属性用于定义字体的粗细。其可用属性值见表 3 - 3。

表 3 - 3　字体加粗属性值

值	描述
normal	默认值。定义标准的字符
bold	定义粗体字符，最常用
bolder	定义更粗的字符
lighter	定义更细的字符
100 ~ 900（100 的整数倍）	定义由细到粗的字符。其中，400 等同于 normal，700 等同于 bold，值越大字体越粗

例如：

```
.test1{font - weight:bold;}
p{font - weight:900;}
```

有些标签自带了加粗样式，例如，< hn > 标签就是这样的标签，由 < hn > 标签定义的文本会自动加粗显示。

4. 字体风格

font-style 属性用于定义字体风格，如设置斜体、倾斜或正常字体。其可用属性值如下。

- normal：默认值，浏览器会显示标准的字体样式。
- italic：浏览器会显示斜体的字体样式。
- oblique：浏览器会显示倾斜的字体样式。

其中，italic 和 oblique 都用于定义斜体，两者在显示效果上并没有本质区别，但实际工作中常使用 italic，如 h3{font – style：italic;}。

5. 字体变形

font-variant 属性用于设置变体（字体变形），仅对英文字符有效。其可用属性值如下。

- normal：默认值，浏览器会显示标准的字体。
- small-caps：显示小型大写的字体。

小型大写字母不是一般的大写字母，也不是小写字母，这种字母是不同大小的大写字母，具体如图 3 – 3 所示，左边第一个字符是小写字母 "a"，右边第一个字符是大写字母 "A"，中间的字符就是小型大写字母 "A"。

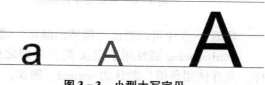

图 3 – 3　小型大写字母

6. 简写属性 font

CSS 字体有一个简写属性 font，通过这个属性可以一次设置多个字体属性，这些字体属性可按如下顺序设置。

- font-style。
- font-variant。
- font-weight。
- font-size/line-height。
- font-family。

例如 p {font：italic bold 12px/20px arial，sans – serif;}，这里的 20px 是属性 line-height 的值，设置的是行间距，使用 font 属性至少要包括 font-size 和 font-family 这两个属性。

3.5.2　CSS 文本

CSS 文本属性主要负责定义文本的外观，包括文本颜色、字符间距、行间距、字符转换、文本装饰和文本缩进等。

1. 文本颜色

color 属性用于定义文本的颜色，其取值方式有如下 3 种。

- 预定义的颜色值，如 "color：red;"。
- RGB（红绿蓝）：#后跟 3 位或 6 位十六进制字符，3 位数表示法为#RGB，6 位数表示法为#RRGGBB。例如，"color：#ff0;"表示设置颜色为黄色。

- RGBA：这里的 R、G、B 的取值范围都是 0～255，A 表示颜色的透明度，取值范围为 0～1。例如"color：rgba（255，100，0，0.2);"，也可以不设置透明度直接定义 "color：rgb（255，100，0）"。

2. 字符间距/单词间距

letter-spacing 属性用于定义字符间距，设置的是字符或字母之间的间隔，允许使用负值，默认为 normal。例如：

```
h1{letter－spacing:10px;}     /*增加了字符之间的间隔*/
h3{letter－spacing:－0.2em;}   /*缩小了字符之间的间隔*/
```

未设置字符间距和设置了字符间距的效果分别如图 3－4 和图 3－5 所示。

图 3－4　未设置字符间距

图 3－5　设置了字符间距

从图 3－5 中可以看出"望庐山瀑布"增加了字符间隔，"唐-李白"则缩小了字符间隔。

word-spacing 属性用于定义英文单词之间的间距，对中文字符无效。和 letter-spacing 一样，允许使用负值，默认为 normal。例如：

```
.one{word－spacing:1.5em;}
.one{word－spacing:－15px;}
```

将属性值定义成正数和负数显示出来的效果如图 3－6 所示。从图中可以看出，正数的属性值增加了单词之间的间距，负数则正好相反，甚至会使单词发生部分重叠。

3. 行间距

line-height 属性用于设置行间距，即行与行之间的距离，一般称为行高。属性值单位可以是像素（px）、相对值（em）或者百分比（%）。如图 3－7 所示，线框表示的高度即为这行文本的行高。同一个段落中每一行文本的行间距相同，不同的段落可以设置不同的行间距。

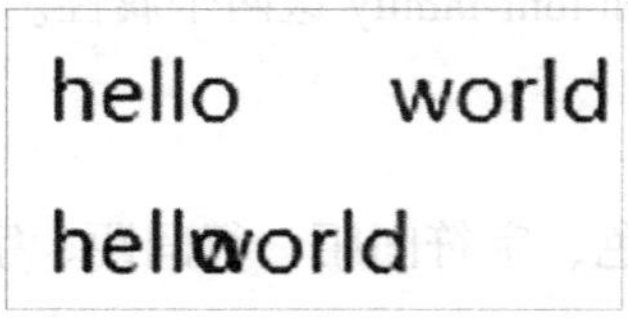

图 3－6　单词间距

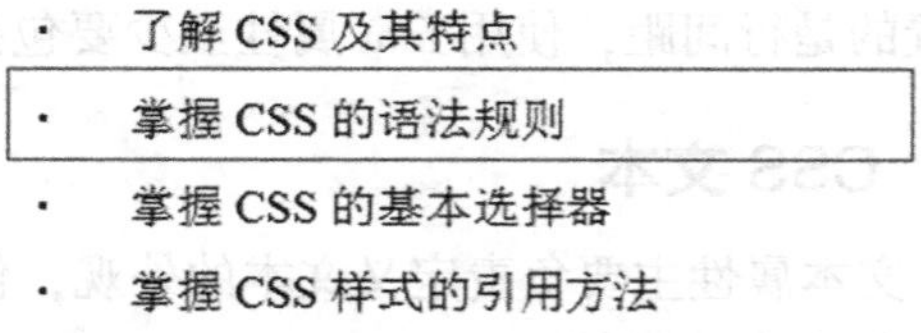

图 3－7　行间距

设置方法，例如：

```
p{line－height:150% ;}
```

4. 字符转换

text-transform 属性用于控制英文字符的大小写，可用属性值如下。

- none：不转换（默认值）。
- capitalize：首字母大写。
- uppercase：全部字符转换为大写。
- lowercase：全部字符转换为小写。

例如，设置 p {text-transform：lowercase；}，可以将整段的英文全部转换成小写。

5. 文本装饰

text-decoration 属性用于设置文本的下画线、上画线、删除线等装饰效果，其可用属性值如下。

- none：没有装饰（正常文本默认值）。
- underline：下画线。
- overline：上画线。
- line-through：删除线。

在实际开发中，我们经常通过设置 "text-decoration：none；" 将超链接文本的默认下画线去掉，也经常利用其他属性值增加文本在页面中的显示效果。如图 3 - 8 所示，第一行文本显示为下画线效果，第二行文本显示为上画线效果，第三行文本则显示为删除线的效果。

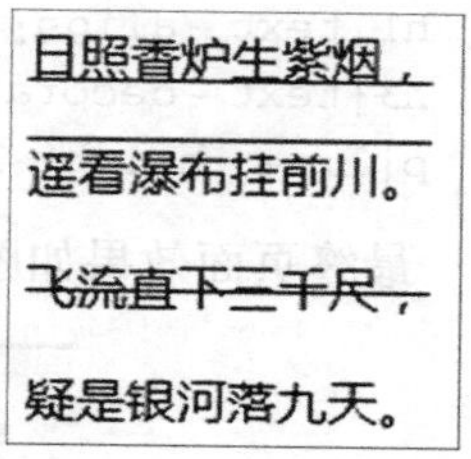

图 3 - 8 文本装饰效果

6. 水平对齐

text-align 属性用于设置文本内容的水平对齐方式，其作用相当于 html 中的 align 对齐属性。其可用属性值如下：

- left：左对齐（默认值）。
- right：右对齐。
- center：居中对齐。

7. 文本缩进

text-indent 属性用于设置段落首行文本的缩进，其属性值可为不同单位的数值：em、字符宽度的倍数、相对于浏览器窗口宽度的百分比（%）等。允许缩进值使用负值，通常情况下最简单的方式是使用 em 作为设置单位。

demo3 - 5. html：

```
<! DOCTYPE HTML >
<html >
<head >
    <meta charset = "UTF - 8" >
    <title>CSS 文本</title>
    <link rel = "stylesheet" type = "text/css" href = "../css/demo3 -5.css"/ >
</head >
<body >
    <h1 >故都的秋 </h1 >
    <h3 >郁达夫 </h3 >
```

<p>秋天,无论在什么地方的秋天,总是好的;可是啊,北国的秋,却特别地来得清,来得静,来得悲凉。我的不远千里,要从杭州赶上青岛,更要从青岛赶上北平来的理由,也不过想饱尝一尝这"秋",这故都的秋味。</p>

<p>江南,秋当然也是有的,但草木凋得慢,空气来得润,天的颜色显得淡,并且又时常多雨而少风;一个人夹在苏州上海杭州,或厦门香港广州的市民中间,混混沌沌地过去,只能感到一点点清凉,秋的味,秋的色,秋的意境与姿态,总看不饱,尝不透,赏玩不到十足。秋并不是名花,也并不是美酒,那一种半开、半醉的状态,在领略秋的过程上,是不合适的。</p>

<span>......</span>
</body>
</html>

该文档对应的样式文件 demo3 - 5. css 如下。

```
h1{text - align: center; letter - spacing:20px;}
h3{text - decoration:underline;text - align:right;}
p{line - height:150% ; text - indent:2em;}
```

最终页面效果如图 3 - 9 所示。

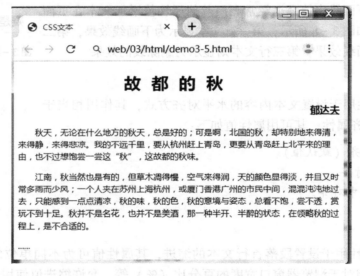

图 3 - 9　设置 CSS 文本样式

8. 空白符处理

在 CSS 中，使用 white-space 属性可设置空白符的处理方式，其属性值如下。

- normal：常规（默认值），文本中的空格、空行无效，满行（到达区域边界）后自动换行。
- pre：预格式化，按文档的书写格式保留的空格、空行、换行等都原样显示。
- nowrap：空格、空行无效，强制文本不能换行，除非遇到换行标记 <br / >。内容超出元素的边界也不换行，若超出浏览器页面，则会自动增加滚动条。

本章小结

　　本章介绍了 CSS 基本语法规则、3 种 CSS 基本选择器、引用 CSS 样式的 4 种方式及 CSS 文本样式的常用属性。

　　通过本章的学习，读者应掌握定义 CSS 样式规则的方法，掌握将这些样式文件引用到网页文档中的方法，能将这些样式通过 CSS 基本选择器应用到指定对象上，为后续进一步美化页面打下基础。

【动手实践】

　　1. 请利用所学的 CSS 样式知识，结合 HTML 标签的使用，模拟百度搜索结果的样式，完成图 3 - 10 所示内容的制作。

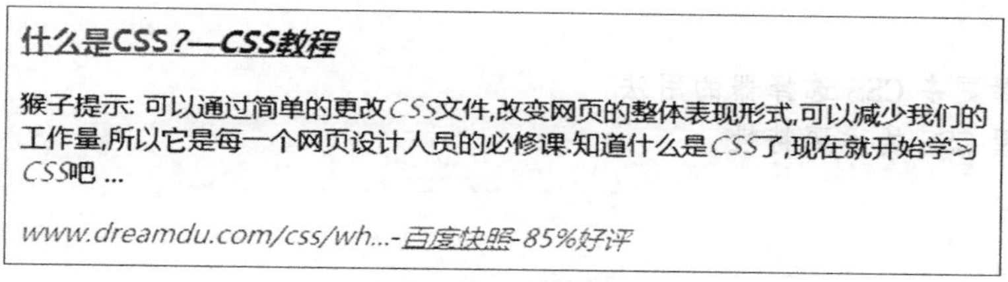

什么是CSS？——CSS教程

猴子提示: 可以通过简单的更改CSS文件,改变网页的整体表现形式,可以减少我们的工作量,所以它是每一个网页设计人员的必修课.知道什么是CSS了,现在就开始学习CSS吧 …

www.dreamdu.com/css/wh…- 百度快照-85%好评

图 3 - 10　【动手实践】题 1 图

　　2. 利用所学的 CSS 样式知识，结合 HTML 标签，模拟制作谷歌的 Logo，效果如图 3 - 11 所示。

图 3 - 11　【动手实践】题 2 图

【思考题】

　　1. CSS 基本选择器有哪几种？它们各自的特点是什么？

　　2. 在网页中引用 CSS 样式有几种方式？分别说说它们的不同。

第 4 章

CSS 复合选择器及特性

CSS 基本选择器主要包括标签选择器、类别选择器和 ID 选择器，通过这 3 种基本选择器可以帮助我们在简单环境下为指定的元素设置 CSS 样式。但在实际应用中，为了实现更丰富、更复杂的文档样式，仅仅使用这 3 种选择器是不够的。本章我们将为大家介绍更多、更灵活的 CSS 选择器的用法，并充分了解它们的特性。

学习目标

1. 掌握更多 CSS 选择器的用法
2. 掌握 CSS 的主要特性

4.1　CSS 组合选择器

组合选择器是以 3 种基本选择器为基础的，通过组合产生出新的选择器，从而实现更强、更方便的选择器功能。

4.1.1　标记类别选择器

标记类别选择器也称为交集选择器，它是由两个选择器直接连接构成的，其指定的对象是两个基本选择器所指定对象的交集。其中，第一个选择器必须是标签选择器，第二个选择器是类别选择器或 ID 选择器。

基本语法：

```
element.class{ property: value;…}
```

或者

```
element#id{ property: value;…}
```

 注意：两个选择器之间不能有空格，必须连续书写。

参考案例的代码如下。

demo4 – 1. html：

```
<! DOCTYPE HTML >
<html >
<head >
    <meta charset = "UTF - 8 " >
    <title>后代选择器 </title >
    <link rel = "stylesheet" href = "../css/demo4 - 1.css" />
</head >
<body >
    <h1 class = "test1" >故都的秋 </h1 >
    <h3 >郁达夫 </h3 >
    <p >秋天,无论在什么地方的秋天,总是好的;可是啊,北国的秋,却特别地来得清,来得静,来得悲
凉。我的不远千里,要从杭州赶上青岛,更要从青岛赶上北平来的理由,也不过想饱尝一尝这"秋",这故都
的秋味。 </p >
    <p class = "test1" >江南,秋当然也是有的,但草木凋得慢,空气来得润,天的颜色显得淡,并
且又时常多雨而少风;一个人夹在苏州上海杭州,或厦门香港广州的市民中间,混混沌沌地过去,只能感到一
点点清凉,秋的味,秋的色,秋的意境与姿态,总看不饱,尝不透,赏玩不到十足。秋并不是名花,也并不是美
酒,那一种半开、半醉的状态,在领略秋的过程上,是不合适的。 </p >
</body >
</html >
```

在 CSS 样式文件中设置如下规则。

```
p.test1{text - decoration:underline; }        /*第二段文字应用下画线样式 * /
```

页面最后的显示效果如图 4 - 1 所示。

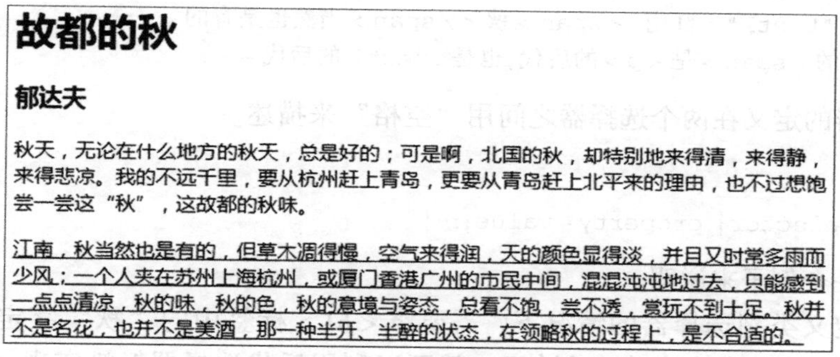

图 4 - 1 标记类别选择器的定义

文档中只有"江南,秋当然也是有的……"这段文字添加了下画线效果,其他段落和标签定义的文字都没有受该样式的影响。这段文字是标签 < p > 和类别选择器"test1"的交集。类似的还有标题"故都的秋",是标签 < h1 > 和类别选择器"test1"的交集,可以通过"h1. test1"来指定该标题对象。

下面对 CSS 样式做进一步修改,来体会一下标记类别选择器如何使选择对象更灵活地实现。CSS 代码如下。

demo4 - 1. css:

```
p{text - indent:2em; }                    /*两段文字都会应用首行缩进样式 * /
p.test1{text - decoration:underline; }     /*第二段文字应用下画线样式 * /
.test1{font - style:italic; }              /* <h1 >标题和第二段文字应用斜体样式 * /
```

```
h1.test1{font - family:华文彩云;}                /* < h1 >标题应用该字体 */
```

页面最终显示效果如图 4 - 2 所示。

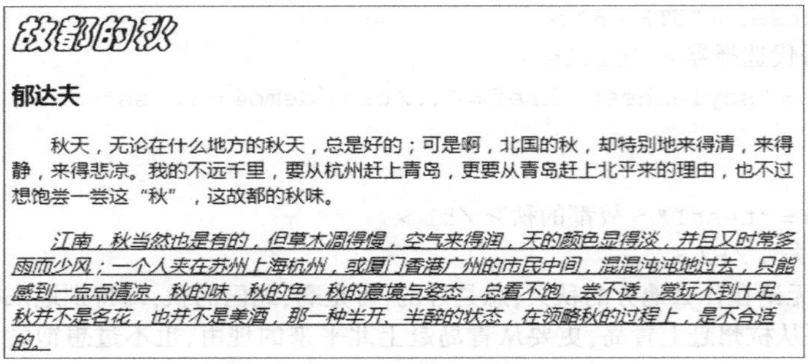

图 4 - 2　标记类别选择器的应用

从页面效果中可以看出，我们既可以对 < h1 > 、< p >标签单独设置样式，又可以利用它们和"test1"的交集单独对某一标题或段落设置样式。标记类别选择器是通过基本选择器的组合衍生出来的更灵活的选择器，也使选定对象的指向性更明确。

4.1.2　后代选择器

当标记发生嵌套时，内层标记就成为外层标记的后代，后代选择器有利于表现文档结构的上下文关系。同时，利用这种结构关系可以区分不同的对象。例如：

```
< h1 >故都的 < span >秋 < /span > < /h1 > < ! - -这里的 < span >是 < h1 >的后代 - - >
< p class = "test1" >江南, < span >秋 < /span >当然也是有的 < /p >
< ! - -这里的 < span >是 < p >的后代,也是 .test1 的后代 - - >
```

后代选择器的定义在两个选择器之间用"空格"来描述。
基本语法：

```
selector selector{ property: value;…}
```

下面通过一个例子来说明。

如果在不定义类别选择器的情况下，需要将 < h1 >标签中的"秋"字定义为红色，将 < p >标签中的"秋"字定义为"斜体"，就可以利用后代选择器轻松实现。CSS 样式代码如下：

```
h1 span{color:red;}
.test1 span{font - style:italic;} /*或 p span{font - style: italic;} */
```

后代选择器的应用可以大大减少对 class 或 id 的声明，同时也保持了 HTML 文档的简洁。

4.1.3　子元素选择器

子元素选择器描述的是某个元素的子元素，在两个选择器之间用" > "来描述。
基本语法：

```
selector > selector{ property: value;…}
```

例如：

```
p > span{color:blue;}
```

子元素选择器很容易和后代选择器混淆。后代选择器描述的是文档的上下文关系，只要是内层嵌套的元素都是外层元素的后代，对可能出现的多层嵌套关系并不加以区别，而子元素仅仅是指父元素的下一层元素，例如：

```
< body >
    < h1 >桃花 < em class = "one" >仙人 < /em >种 < em class = "two" >桃树 < /em > < /h1 >
    < h1 >又摘 < span > < em class = "three" >桃花 < /em > < span >换酒钱 < /h1 >
< /body >
```

我们以 < body > 作为根节点，画出该部分的层次结构图，如图 4 - 3 所示。

从图中可以看出， < em. one > 和 < em. two > 是直接嵌套在左侧 < h1 > 标签的内层，所以 < em. one > 和 < em. two > 既是这个 < h1 > 标签的子元素，也是 < h1 > 标签的后代； < em. three > 和右侧 < h1 > 标签属于多层嵌套，所以 < em. three > 是右侧 < h1 > 标签的后代，是其直接外层 < span > 标记的子元素。

对上面的 HTML 文档设置 CSS 样式，如下：

```
h1 em{color:red; }
h1 > em{text - decoration:underline; }
```

此时文档中 3 处由 < em > 标签定义的内容都会显示为红色，只有由 < em. one > 和 < em. two > 定义的"仙人"和"桃树"会添加下画线效果，如图 4 - 4 所示。

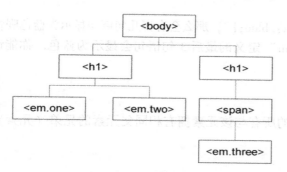

图 4 - 3　文档的层次结构图

图 4 - 4　后代选择器和子元素选择器

4.1.4　兄弟选择器

兄弟选择器主要包括两类：相邻兄弟选择器和普通兄弟选择器。

1. 相邻兄弟选择器

相邻兄弟选择器是指紧接在另一元素后的元素，且两者有相同的父元素。两个选择器之间用" + "来描述。

基本语法：

```
selector + selector{ property: value;…}
```

例如：h1 + p{color:blue;}

参考案例的代码如下。

demo 4 - 2. html：

```
<!DOCTYPE HTML>
<html>
<head>
    <meta charset="UTF-8">
    <title>兄弟选择器</title>
</head>
<body>
    <h1>望庐山瀑布</h1>
    <h3>唐－李白</h3>
    <p class="one">日照香炉生紫烟,</p>
    <p class="two">遥看瀑布挂前川。</p>
    <p class="three">飞流直下三千尺,</p>
    <p class="four">疑是银河落九天。</p>
</body>
</html>
```

如果在 demo 4 - 2. css 文件中定义 h3 + p {font - size：24px;}，其效果完全等价于 p. one {font - size：24px;}，因为 < p. one > 紧接在 < h3 > 后面，且 < p. one > 和 < h3 > 有共同的父元素 < body >。

如果有选择器 "h1 + p"，则在此文档中是无效的，因为没有紧接着标签 < h1 > 存在的 < p > 标签。

思考一下：如果有样式规则 "p + p {color：blue;}"，那么会有哪几句诗句显示为蓝色呢？

答案是由 "p. two" "p. three" 和 "p. four" 定义的最后 3 句语句会显示为蓝色。你能说出为什么吗？

2. 普通兄弟选择器

一般，普通兄弟选择器是指一个元素后的所有与该元素拥有相同父元素的兄弟（元素），选择器之间用 "~" 来描述。

基本语法：

```
selector ~ selector{ property: value;…}
```

例如：

```
h1 ~ p{color: red;}
```

如果将该样式应用于 demo 4 - 2. html 文档中，文档中的 4 个 < p > 段落均会显示为红色。

4.2 CSS 其他选择器

除了基本选择器和基于基本选择器实现的组合选择器，CSS2 还引入了许多其他形式的选择器，如属性选择器、CSS 伪类和 CSS 伪元素。

4.2.1 属性选择器

属性选择器是根据元素的属性名称及属性值来选择元素的。

1. 根据属性名称选择元素

基本语法：

```
[attribute]{property:value;…}
```

其含义是将具有 "attribute" 属性的元素作为选择器的选定对象，例如：

```
[class]{font-size:24px;}
```

将此样式规则应用于 demo4 - 2. html 中，4 个 < p > 标签都具有 "class" 属性，因此 4 句古诗句的字体均会显示为 24px。

属性名称也可以和标签结合起来使用，例如：

```
img[title]{width:200px;}
```

以上代码表示具有 "title" 属性的 < img > 元素。

2. 根据属性值选择元素

根据属性值来选择元素的情况相对复杂一些，可以匹配完整的属性值，也可以利用通配符匹配属性值的部分值。

（1）[attribute = value] 表示匹配某个属性为 value 的元素，例如：

```
[class=one]{color:red;}
```

在 demo 4 - 2. html 中，只有第一句古诗句的 class 属性值为 "one"，因此只有第一句古诗句 "日照香炉生紫烟，" 的字体会显示为红色。

（2）[attribute ~ = value] 和 [attribute * = value] 这两个通配符都是匹配属性值中包含了单词 "value" 的元素。区别是，要匹配 [attribute ~ = value]，"value" 必须是一个独立完整的单词，而对于 [attribute * = value]，"value" 可以是属性值中包含的一个子串。例如以下参考案例。

demo 4 - 3. html：

```
<! DOCTYPE HTML >
<html >
<head >
    <meta charset = "UTF-8" >
    <title >属性选择器 </title >
    < link rel = "stylesheet" type = "text/css" href = "../css/demo4-3.css"/ >
</head >
<body >
    <h1 class = "test test1" >桃花庵歌 </h1 >
    <p class = "test-1 test2" >桃花坞里桃花庵,桃花庵下桃花仙。 </p >
    <p class = "test_test2" >桃花仙人种桃树,又摘桃花换酒钱。 </p >
</body >
</html >
```

在 demo4－3. css 中设置以下样式：

```
[class ~ = test]{text - decoration:underline; }
```

根据通配符的含义，只有＜h1＞标题的 class 属性值中包含独立且完整的"test"单词，因此该样式适用于这个元素，页面效果如图4－5所示。

接着在样式表中将通配符修改一下：

```
[class * = test]{text - decoration:underline; }
```

＜h1＞标题和两个＜p＞段落的 class 属性值中都包含了"test"字符串，因此该样式适用于这3个元素，页面效果如图4－6所示。

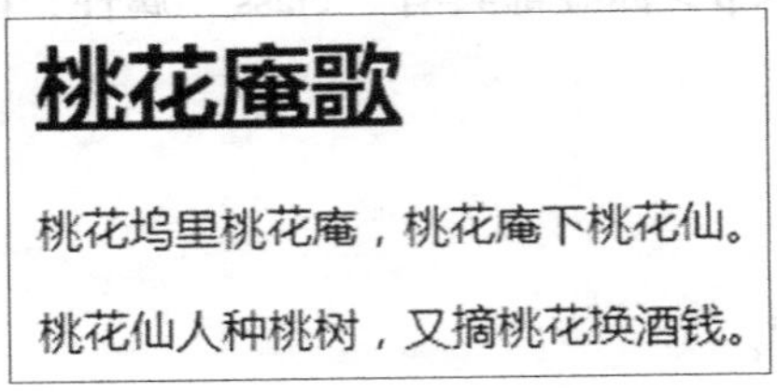

图4－5　匹配部分属性值 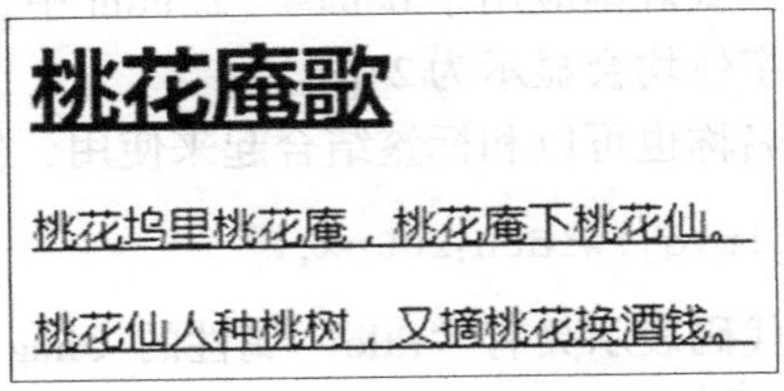　　　　　　　　图4－6　匹配属性值子串

根据两个通配符的含义，符合［attribute ~ = value］的元素必定也符合［attribute * = value］。

（3）［attribute | = value］和［attribute^ = value］这两个通配符都是匹配以某个单词开头的元素。区别是，［attribute | = value］必须是独立完整的单词"value"或者是以"value－"开头的词串，而对于［attribute^ = value］，只要属性值中的字符串开头能解析出这个单词就可以。

在 demo4－3. css 中，修改代码如下：

```
[class|=test]{text - decoration:line - through;}
```

在 demo4－3. html 文件中，3个类名均以"test"开头，只有第一个段落＜p＞的类名符合通配符"| ="的要求，页面效果如图4－7所示。

设置样式：

```
[class^=test]{text - decoration:line - through;}
```

通配符"^ ="只要求类名以"test"开头就可以，因此这里的3个类名均符合要求，页面效果如图4－8所示。

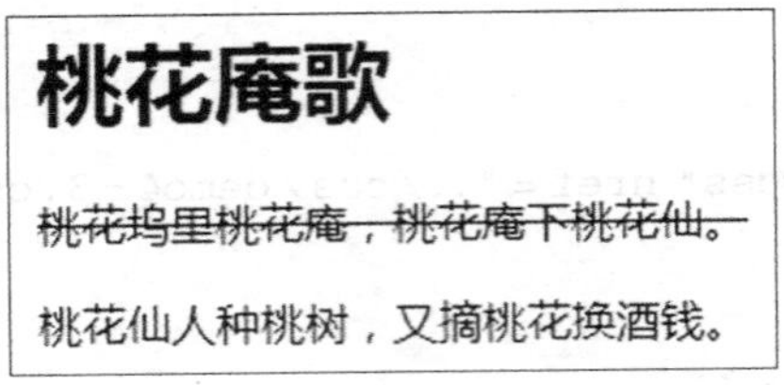

图4－7　匹配" 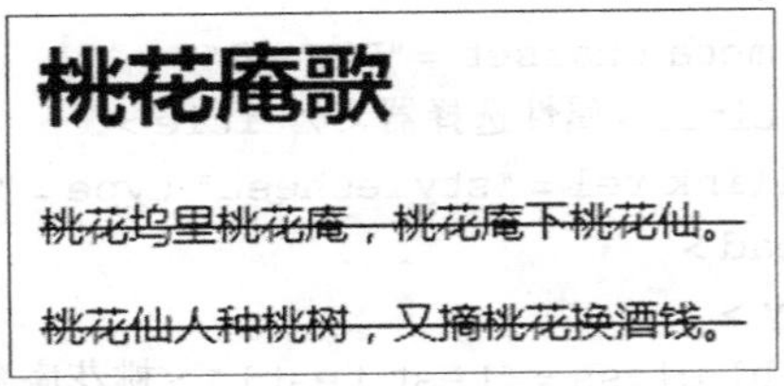| ="　　　　　　　　图4－8　匹配"^ ="

同样，符合［attribute | = value］的元素必定也符合［attribute^ = value］。

（4）［attribute $ = value］匹配以子串"value"作为结尾的单词的元素。例如［class $ =

t2］{color：red;}，两个段落 < p > 的类名均包括以"t2"结尾的单词，但该通配符要求匹配的属性值只能是一个独立的单词，第一个段落的类名是由两个单词"test-1"和"test2"构成的，第二个段落的类名只包含"test_test2"一个单词，符合该通配符限定一个独立单词的要求，所以只有最后一句诗句显示为红色。

 注意：IE 7 和 IE 8 需声明！DOCTYPE，才支持属性选择器。IE 6 和更低的版本不支持属性选择器。

4.2.2　CSS 伪类

　　CSS 伪类用于向某些选择器添加特殊的效果。网页中某些元素的状态是会发生变化的，对特定状态下的元素设置样式，就可能需要借助伪类来实现。

　　伪类的功能和 class 有些类似，也是为选定的对象设置样式，但伪类选定的对象是基于某种状态，是抽象的，所以叫伪类。

　　伪类的基本语法：

```
selector:pseudo - class {property:value;…}
```

　　伪类主要分为两种：状态伪类和结构性伪类。

1. 状态伪类

　　（1）锚伪类　　锚伪类是与超级链接有关的伪类。超级链接是网页中必不可少的元素。在支持 CSS 的浏览器中，链接的不同状态都可以以不同的方式显示，这些状态包括活动状态、已被访问过的状态、未被访问过的状态和鼠标悬停状态。

- ：link，未被访问过的状态；
- ：hover，鼠标悬停状态；
- ：active，活动状态；
- ：visited，已被访问过的状态，与：link 互斥。

参考案例 demo4 - 4. html，部分 HTML 代码如下：

```
<! DOCTYPE HTML >
<html >
<head >
    <meta charset = "UTF -8" >
    <title >CSS 伪类 </title >
    < link rel = "stylesheet" type = "text/css" href = "../css/demo4 -4.css"/ >
</head >
<body >
    <ul >CSS 特性
      < li > < a href = "#" >CSS 的继承性 < /a > < /li >
      < li > < a href = "#" >CSS 的层叠性 < /a > < /li >
      < li > < a href = "#" >CSS 选择器的优先级 < /a > < /li >
    < /ul >
< /body >
< /html >
```

在外部样式表 demo4－4. css 文件中，我们为具有超级链接的元素设置相应的样式，使之在不同的链接状态可以显示出不同的样式效果，截取其中与链接有关的代码：

```
a:link{color:blue;}            /*链接元素未被访问时文本呈蓝色*/
a:visited{color:green;}        /*链接元素已被访问过时文本呈绿色*/
a:hover{font－size:24px;}      /*鼠标悬停于链接元素时字体大小显示为24px*/
a:active{color:red;}           /*鼠标选定链接元素时文本呈红色*/
```

利用伪类对同一个链接元素在 4 种不同状态下设置了不同的样式，当鼠标悬停于链接文本之上时，可以看到当前文字的字体明显变大，显示为 24px，如图 4－9 所示。

在应用时可以根据需要选择设置某些伪类。但需要注意的是，在 CSS 定义中，a: hover 必须被置于 a: link 和 a: visited 之后才是有效的，a: active 必须被置于 a: hover 之后才是有效的。

（2）:focus 伪类　:focus 伪类应用于拥有键盘输入焦点的元素，比较常见的是表单中的一些控件，例如 < input type = "text" /> 这样的文本输入控件，用户向这个控件中输入数据之前，要使该控件获得焦点，可以通过伪类对获得焦点这一状态下的元素设置样式，例如如下代码。

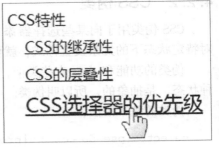

图 4－9　鼠标悬停效果

demo4－5. html：

```
<! DOCTYPE HTML >
<html >
<head >
    <meta charset = "UTF－8" >
    <title >:focus 伪类 < /title >
    <link rel = "stylesheet" type = "text/css" href = "../css/demo4－5.css"/>
< /head >
<body >
    < form action = "#" method = "get" >
    First name: < input type = "text" name = "fname" /> <br/>
    Last name: < input type = "text" name = "lname" /> <br/>
    < input type = "submit" value = "Submit" />
    < /form >
< /body >
< /html >
```

通过对 "type = text" 类型的 < input > 控件的:focus 伪类设置样式，使这些控件在获得焦点的时候宽度变化为 "200px"，代码（demo4－5. css）如下：

```
input[type = text]:focus{width:200px;}
```

从图 4－10 和图 4－11 中可以看到控件的变化。

First name: _____

Last name: _____

Submit

图 4－10　未获得焦点时

First name: |_____

Last name: _____

Submit

图 4－11　第一个控件获得焦点时

（3）：lang 伪类　严格地说，：lang 伪类不是在描述一种状态，而是为不同的语言定义特殊的规则，例如：

```
<p>关于<q lang="en">CSS</q>选择器</p>
<p>关于<q lang="zh-CN">CSS</q>伪类</p>
```

默认情况下，这两段文字的显示如图 4-12 所示，接着通过：lang 伪类为值为 "en" 和 "zh-CN" 的 lang 属性的 q 元素分别定义引号的类型，得到图 4-13 所示的显示效果，CSS 代码如下：

```
q:lang(en){quotes:"<"">"}
q:lang(zh-CN){quotes:"《""》"}
```

| 图 4-12　未设置伪类的效果 | 图 4-13　设置：lang 伪类的效果 |

2. 结构性伪类

结构性伪类是 CSS3 新增的选择器，利用文档结构的上下文关系来匹配元素，能够减少 class 和 id 属性的定义，使文档结构更简洁。常见的结构性伪类见表 4-1。

表 4-1　结构性伪类

元素名	描述
: first-child	匹配父元素的第一个子元素
: last-child	匹配父元素的最后一个子元素
: only-child	匹配父元素有且只有一个子元素
: only-of-type	匹配父元素有且只有一个指定类型的元素
: nth-child（n）	匹配父元素的第 n 个子元素
: nth-last-child（n）	匹配父元素的倒数第 n 个子元素
: nth-of-type（n）	匹配父元素定义类型的第 n 个子元素
: nth-last-of-type（n）	匹配父元素定义类型的倒数第 n 个子元素
: first-of-type	匹配一个上级元素的第一个同类子元素
: last-of-type	匹配一个上级元素的最后一个同类子元素

表格是网页中的常用元素之一，它在一个 <table> 元素下往往拥有多个 <tr> 子元素，当需要对每个不同的 <tr> 设置不同的样式时，这些结构性伪类就能发挥重要作用了。参考案例 demo4-6.html。

demo4-6.html：

```
<!DOCTYPE HTML>
<html>
<head>
```

```
        <meta charset = "UTF - 8">
        <title>结构性伪类</title>
        <link rel = "stylesheet" type = "text/css" href = "../css/demo4 -6.css"/>
    </head>
<body>
    <table>
        <tr><th>学号</th><th>姓名</th></tr>
        <tr><td>001</td><td>张琦</td></tr>
        <tr><td>002</td><td>李萌</td></tr>
        <tr><td>003</td><td>祁山</td></tr>
        <tr><td>004</td><td>程琪</td></tr>
        <tr><td>005</td><td>刘曦</td></tr>
        <tr><td>006</td><td>赵瑜</td></tr>
    </table>
</body>
</html>
```

定义了一个图 4 - 14 所示的表格，对其基本样式（边框及边框合并）做了一些修改之后，利用 "tr: first-child" 设置第一行的字体大小为 18px，利用 "tr: nth-child（2n + 1）" 设置所有的单数行背景颜色为 "aliceblue"，表格最终效果如图 4 - 15 所示。

利用伪类，CSS 代码如下。

demo4 - 6. css：

```
table{
    width:300px;
    margin:0 auto;
    border - collapse:collapse; /*边框合并*/
}
tr{
    text - align: center;
    line - height:2em;
}
th,td{border:1px solid lightblue;}      /*设置表格边框线*/
tr:first - child{font - size:18px;}              /*设置第一行*/
tr:nth - child(2n +1){background - color:aliceblue;}       /*设置单数行*/
```

学号	姓名
001	张琦
002	李萌
003	祁山
004	程琪
005	刘曦
006	赵瑜

图 4 - 14　初始状态的表格

学号	姓名
001	张琦
002	李萌
003	祁山
004	程琪
005	刘曦
006	赵瑜

图 4 - 15　对单数行设置样式的表格

注意：IE 8 及之前的版本必须声明 < ! DOCTYPE > 才能支持：lang 伪类和：first-child 等一类的伪类。

4.2.3 CSS 伪元素

CSS 伪元素可对元素中的特定内容进行操作，而不是描述状态。实际上，CSS 伪元素就是选取的某些元素前面或后面的这种基于元素的抽象内容，它本身并不存在于文档结构中。常见的伪元素选择器如下：

- ：first-letter，选择元素文本的第一个字（母）；
- ：first-line 选择元素文本的第一行；
- ：before，在元素内容的最前面添加新内容；
- ：after，在元素内容的最后面添加新内容。

伪元素的基本语法：

```
selector:pseudo - element {property:value;…}
```

案例 demo4 - 7. html 中包括如下内容：

```
< ! DOCTYPE HTML >
< html >
< head >
    < meta charset = "UTF -8" >
    < title > < /title >
    < link rel = "stylesheet" type = "text/css" href = "../css/demo4 -7.css"/ >
< /head >
< body >
    < h1 > 故都的秋 < /h1 >
    < p > 秋天,无论在什么地方的秋天,总是好的;可是啊,北国的秋,却特别地来得清,来得静,来得悲
凉。我的不远千里,要从杭州赶上青岛,更要从青岛赶上北平来的理由,也不过想饱尝一尝这"秋",这故都
的秋味。< /p >
    < p > 江南,秋当然也是有的,但草木凋得慢,空气来得润,天的颜色显得淡,并且又时常多雨而少
风;一个人夹在苏州上海杭州,或厦门香港广州的市民中间,混混沌沌地过去,只能感到一点点清凉,秋的味,
秋的色,秋的意境与姿态,总看不饱,尝不透,赏玩不到十足。秋并不是名花,也并不是美酒,那一种半开、半
醉的状态,在领略秋的过程上,是不合适的。< /p >
< /body >
< /html >
```

我们希望在 < h1 > 标题的前面插入一幅小图片，但又不希望破坏原有的 HTML 结构，对于这种抽象存在的内容，可以使用"：before"来实现。同时，利用"：first-letter"很容易为段落的第一个字符设置独特的样式，参考（demo4 - 7. css）代码如下：

```
h1:before{content:url(../img/4 -2.jpg);}
p:first - letter{color:red;font - size:24px;font - weight:bold;}
```

最后可以看到图 4 - 16 所示的效果，在 < h1 > 的前面插入了一幅小图片，但是并没有改变原来的 HTML 结构，在没有增加其他 class 和 id 的情况下，完成了对段落首字的样式设置。

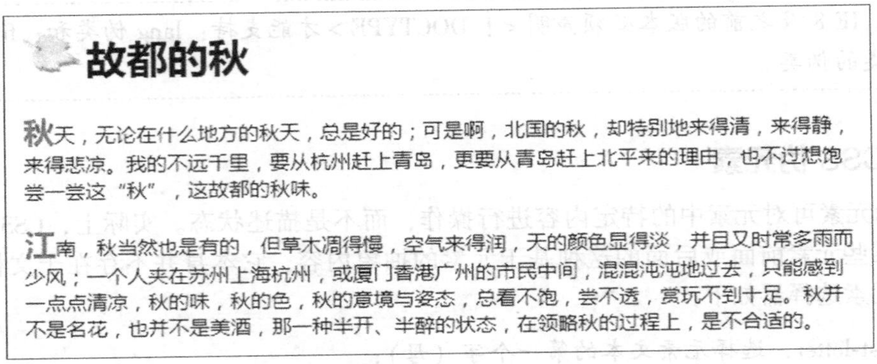

图 4 - 16　CSS 伪元素

4.3　CSS 的特性

当表现和结构分离之后，CSS 对于实现页面的表现有着重要的作用。我们除了要掌握 CSS 选择器的使用方法外，还要深入了解 CSS 的特性，才能在应用的过程中充分发挥 CSS 的作用。

CSS 主要有两大特性：继承性和层叠性。

4.3.1　CSS 的继承性

文档的上下文关系，在 HTML 结构中大多是通过嵌套来表现的，继承性就是基于这种嵌套关系的子元素对父元素样式的继承。继承性的特点主要包括以下两方面：

- 子元素继承父元素部分的 CSS 样式风格；
- 子元素可以产生新的 CSS 样式，不会影响父元素。

demo4 - 8. html：

```
<! DOCTYPE HTML >
<html >
<head >
    <meta charset = "UTF -8 " >
    <title >CSS 继承性 </title >
    <link rel = "stylesheet" type = "text/css" href = "../css/demo4 -8.css"/ >
</head >
<body >
    <h1 class = "test1" >hello <span >world </span > </h1 >
</body >
</html >
```

对这段结构设置如下样式规则（demo4 - 8 -1. css）：

```
h1{font -style:italic;}
```

```
.test1{text-transform:uppercase;}
span{text-decoration:line-through;color:red;}
```

此时得到图 4-17 所示的效果。结合图 4-18 可以得出，子元素 < span > 的内容继承了父元素 < h1 > 的大部分样式风格，包括 < h1 > 默认的样式属性，如粗体、字体大小、行间距等，同时还继承了 < h1 > 自定义的 "斜体" 样式。< span > 还继承了类别 "test1" 定义的字体转换，将所有字母转换成了大写。同时，< span > 定义了自己的样式删除线和红色字体，形成了单词 "world" 的最终显示效果。子元素的样式定义并未对父元素造成影响。

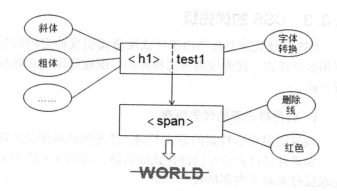

图 4-17 继承后效果图   图 4-18 继承性演示图

当然并不是所有的 CSS 属性都会被继承，父元素的以下属性就不会被子元素继承：

- 边框属性；
- 外边距属性、内边距属性；
- 背景属性；
- 定位属性、布局属性；
- 元素宽、高属性。

利用 CSS 的继承性，可以减少代码的编写量，提高文档的可读性。

4.3.2 CSS 的层叠性

层叠性是指将多种 CSS 样式叠加在同一个元素上，层叠既包括来自同级元素样式的层叠，也包括由于继承性引起的样式层叠。上一节案例 demo4-8. html 中的 "world" 文本，就通过继承将 < h1 > 和 "test1" 的样式连同自定义的样式层叠到了一起，如图 4-19 所示。

在层叠的过程中可能引起样式的冲突，例如对 demo4-8. html 中的 CSS 代码做一些修改，为 "test1" 增加一个规则 "color：blue；"，这时文本 "world" 从类 "test1" 处继承了字体颜色 "blue"，而自身标签 < span > 也定义了字体颜色 "red"，两个相同属性的不同属性值同时层叠到一个对象上，如图 4-20 所示，那么该元素最终会显示什么颜色呢？

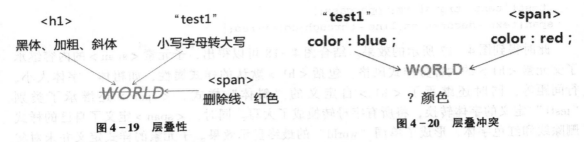

图 4 - 19　层叠性　　　　　　　　　　图 4 - 20　层叠冲突

为了解决层叠可能引起的样式冲突，提出了优先级的概念。

4.3.3　CSS 的优先级

CSS 的优先级是指当由于样式层叠而引发冲突的时候，浏览器根据优先级来决定该元素应用哪个样式。优先级则由选择器的匹配规则即优先顺序来决定，下面将对这些匹配规则进行讨论。

1. 引用样式表的优先顺序

根据引用 CSS 样式的方式不同，优先级的顺序是内联样式 > 内部样式 > 外部样式。

如果外部样式放在内部样式的后面，如图 4 - 21 所示，外部样式会覆盖内部样式，使优先级反过来高于内部样式。

```
<head>
    <meta charset="UTF-8">
    <title></title>
    <style type="text/css">
        /*内部样式文件*/
    </style>
    <link rel="stylesheet" type="text/css" href="../css/04-7.css"/>
</head>
```

图 4 - 21　引用内部样式和外部样式

我们可以将这个优先顺序总结为"就近原则"，谁离 HTML 结构近，谁的样式优先。

2. 继承性的优先级

当 HTML 结构嵌套较深时，一个元素的样式可能会受它多层祖先元素样式的影响，这时它们的优先顺序是元素的自定义样式 > 最近祖先 > 其他祖先。

由此对于图 4 - 20 中文本"world"的颜色可以得出结论，由 < span > 自定义的颜色高于从类"test1"中继承来的颜色，所以最后颜色确定为红色。

3. 选择器的优先级

选择器的优先级是通过计算每个选择器的权重值得出的，权重值大的优先级高，一般选择器的权重值见表 4 - 2。

表 4 - 2　选择器的权重值

继承样式	标签选择器	类选择器	ID 选择器	内联样式表	！important 规则
0	1	10	100	1000	10000 +

依然以 demo4 - 8. html 作为案例，其 HTML 结构非常简单，如下所示：

```
< h1 class = "test1" > hello < span > world < /span > < /h1 >
```

为了表达样式的冲突，我们对这段 HTML 结构设置了如下 CSS 代码（demo4 - 8 - 2. css）：

```
h1{color:blue;}
.test1{color:gray;}
span{color:yellow;}
h1 span{color:green; }
.test1 span{color:red; }
```

根据 CSS 样式的继承性和层叠性，以上 5 条和颜色有关的样式都可以应用于文本 "world" 上，浏览器是如何根据权重值决定 "world" 采用哪条样式规则的呢？下面通过表 4 - 3 来表示每个选择器权重值的计算过程。

表 4 - 3 权重的计算

选择器	权重值	说明
h1	0	对于 "world"，< h1 > 是继承样式，权重为 0
. test1	0	对于 "world"，类 "test1" 是继承样式，权重为 0
span	1	标签选择器，权重值为 1
h1 span	1 + 1	组合选择器，计算标签选择器 + 标签选择器权重之和
. test1 span	10 + 1	组合选择器，计算类别选择器 + 标签选择器权重之和

根据计算，选择器 ". test1 span" 的权重值为 11，最大，因此它的优先级最高，最后文本 "world" 根据 ". test1 span" 定义的样式颜色显示为 "red"。

在上面的 CSS 样式表中，如果在 "h1 span" 的规则中增加一个 "! important"，具体代码如下所示：

```
h1span{color:green! important; }
```

结果又会发生变化，文本 "world" 的最终颜色会显示为 "green"，这是因为 "! important" 规则表示的优先级最大，它使得 "h1 span" 的权重值变为 10000 +，超越了 ". test1 span" 的权重值，所以浏览器最后选择了 "h1 span" 定义的样式。但要注意的是，如果将 "! important" 应用于另一条规则上，效果又不一样，代码如下：

```
h1{color:blue! important; }
```

"! important" 规则的应用使标签选择器 < h1 > 的优先级别超越了类别选择器 "test1"，从而文本 "hello" 的颜色最终显示为 "blue"，但是文本 "world" 的颜色却依然是 "红色"，这是为什么呢？

这是因为虽然 "! important" 规则的应用使标签选择器 < h1 > 的权重值变为 10000 +，但对于文本 "world" 而言，标签 < h1 > 的样式是要通过继承传给 "world"，作为继承样式，权重值依然为 0，依然是 ". test1 span" 的权重值最大。

4. 其他选择器的优先级

除了一般选择器外，我们还学习过属性选择器、伪类选择器和伪元素选择器，它们的权重值是如何定义的呢？参考以下规则：

- 属性选择器 = 伪类选择器 = 类别选择器；
- 伪元素选择器 = 标签选择器。

除了这些 CSS 优先级规则外，我们还要注意以下几个问题：

1）当权重值相等时，后出现的样式表设置要优于先出现的样式表设置，即遵循"就近原则"；

2）为每个选择器分配的权重值仅仅是用来比较大小的，权重值的具体数据是没有任何意义的；

3）创作者的规则优于浏览器，即网页编写者设置的 CSS 样式优于浏览器所设置的样式。

本章小结

本章介绍了 CSS 组合选择器及属性选择器、CSS 伪类和 CSS 伪元素等其他选择器。通过学习和案例操作，读者应掌握这些复合选择器的应用方法。在应用过程中会遇到由于 CSS 的继承性和层叠性造成的样式冲突问题，需要我们利用掌握的 CSS 优先规则去解决。

【动手实践】

1. 在第 3 章的【动手实践】环节中，我们利用 CSS 基本选择器完成过图 3 - 10 所示的内容，请读者利用本章所学的复合选择器的知识，在不使用类别选择器和 ID 选择器的情况下，完成该案例的实现。

2. 根据图 4 - 22 所示的样式，制作表格。

学号	姓名	性别
001	张琦	男
002	李萌	女
003	祁山	男
004	程琪	男
005	刘曦	男
006	赵瑜	女

图 4 - 22　【动手实践】题 2 图

【思考题】

1. 标记类别选择器又叫交集选择器，说说你对这种选择器的理解。

2. CSS 的两大特性是什么？它们可能会对元素的样式造成什么样的影响？

第5章

CSS 盒子模型

通过之前的学习，我们掌握了利用 CSS 选择器选择网页元素的方法，本章我们将引入一个重要的概念——盒子模型，它可以帮助我们更进一步地理解 CSS 是如何设置和管理网页元素的。

学习目标

1. 了解盒子模型的概念
2. 掌握设置盒子模型的方法
3. 掌握设置盒子背景的方法
4. 理解标准文档流的含义

5.1 CSS 盒子模型的概念

CSS 为了描述 HTML 元素而将其看成一个个的矩形盒子，这些矩形盒子通过一个模型来描述其占用的空间，这个模型就称为盒子模型（Box Model）。网页上的所有元素都可以描述成盒子。如图 5-1 所示，我们将一个网页上的所有元素用虚线矩形框描绘出来，每一个虚线矩形框就是一个这样的盒子。

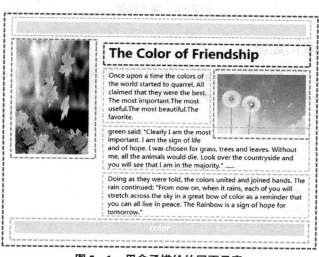

图 5-1　用盒子描绘的网页元素

从图 5 - 1 我们可以看出，盒子与盒子之间可以嵌套，可以水平排列，可以垂直排列，也可以层叠。管理盒子之间的关系是实现页面布局的重要基础。

5.2　CSS 盒子模型的设置

初学网页设计的读者经常会有一个体会，就是对一个元素设置了宽度和高度，但这个元素在页面中占据的实际空间可能要比预期的大。要理解和解决这个问题，就需要掌握盒子模型的含义和设置方法。

盒子模型通过 4 个要素来描述：content（内容区域）、padding（内边距）、border（边框）和 margin（外边距）。根据这 4 个要素决定这个盒子在页面中的占用空间。这里通过一个盒子模型图来描述，如图 5 - 2 所示。

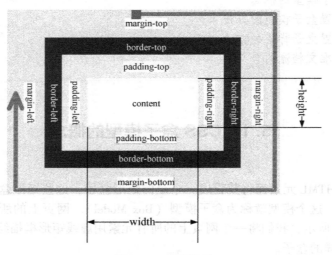

图 5 - 2　盒子模型

5.2.1　元素的宽度和高度

元素的 width（宽度）和 height（高度）指的是内容区域即 content 的宽度和高度。案例 demo 5 - 1. html 中有一幅图片和一段文本，代码如下。

demo5 - 1. html：

```
<! DOCTYPE HTML >
<html >
<head >
    <meta  charset = "UTF - 8" >
    <title ></title >
    <link rel = "stylesheet" type = "text/css" href = "../css/demo5 -1.css" / >
</head >
<body >
<img src = "../img/5 -2.jpg"/ >
```

```
<p>Once upon a time the colors of the world started to quarrel. All claimed that
they were the best. The most important. The most useful. The most beautiful. The
favorite.</p>
</body>
</html>
```

在样式文件 demo5 - 1. css 中分别设置图片和段落的宽度和高度，如下：

```
img{
        width:200px;
        height:200px;
}
p{
        width:300px;
        height:150px;
}
```

在浏览器中，图片会按设置的宽度 200px 和高度 200px 直接显示，文本段落虽然不能像图片那样直观地看出它的尺寸，但实际上包含这段文本的 <p> 元素也根据设置的宽度 300px 和高度 150px 存在，如图 5 - 3 所示。

content（内容区域）的宽度和高度并不是盒子的宽度和高度，它只是盒子构成中的一部分。盒子的尺寸还要看另外 3 个要素（内边距、边框和外边距）的设置情况。

5.2.2　盒子的边框

为了将 demo5 - 1. html 文档中的段落 <p> 的宽度和高度更清楚地显示出来，这里为其添加边框效果：

```
p{
        width:300px;
        height:150px;
        border:1px solid #A9A9A9; /*设置宽度为1px、颜色为#A9A9A9 的实线边框*/
}
```

此时在浏览器中，我们可以清楚地通过边框看出该段落的占位空间，如图 5 - 4 所示。

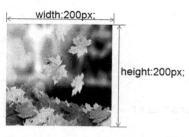

图 5 - 3　设置元素的宽度和高度　　　　图 5 - 4　添加段落的边框

用来设置 border（边框）的 3 个属性分别如下。

- width（边框宽度）：如果将 width 设置为 0，其他两个样式无效。
- style（边框样式）：指边框的风格，如 solid（实线）、dashed（虚线）、double（双线）等。
- color（边框颜色）：可以有 4 种不同方式的属性值，如 red、#fc0、#ffcc00、rgba（0，0，255，1）。

边框的设置非常灵活，可以根据 3 个属性分开独立设置，也可以采用复合属性一起设置；可以根据盒子的上、下、左、右 4 个方向单独设置，也可以采用统一的方法设置。

1. 设置统一边框样式

```
/* 利用复合属性设置边框 */
border:3px dashed #008000;
/* 对边框子属性分开来设置 */
border - width:3px;
border - style:dashed;
border - color:#008000;
```

无论是利用复合属性还是对边框子属性分开设置，盒子的 4 条边框都可得到相同的样式，能够快速实现边框样式定义。

2. 独立设置单方向边框样式

```
/* 利用复合属性设置单方向边框 */
border - top:1px solid #008000;
/* 对单方向边框属性分开设置 */
border - left - width:1px;
border - left - style:dotted;
border - left - color:#808080;
```

这种方式可以对盒子的 4 条边框分别设置，合理利用可以达到意想不到的效果。
demo 5 - 2. html：

```
<! DOCTYPE HTML >
<html >
<head >
    <meta  charset = "UTF -8" >
    <title >盒子边框 </title >
    <link rel = "stylesheet" type = "text/css" href = "../css/demo5-2.css"/ >
</head >
<body >
    <div class = "main" >
<h1 >天净沙·秋思 </h1 >
<h3 >作者：马致远 </h3 >
<p >枯藤老树昏鸦，<br/ >
小桥流水人家，<br/ >
古道西风瘦马。<br/ >
夕阳西下，<br/ >
```

断肠人在天涯。
```
      </p>
            </div>
      </body>
</html>
```

对由类"div. main"定义的盒子分别设置上下和左右边框为不同的样式，demo5 – 2. css 中
对边框的设置如下：

```
div.main{
        width:200px;
        height:250px;
        border – top:10px double #300;
        border – right:1px dashed #000;
        border – bottom:10px double #300;
        border – left:1px dashed #000;
}
```

最终得到如图 5 – 5 所示的效果图。

天净沙·秋思

作者: 马致远

枯藤老树昏鸦，
小桥流水人家，
古道西风瘦马。
夕阳西下，
断肠人在天涯。

图 5 – 5 边框样式的应用

5.2.3 盒子的内边距

盒子的内边距可以通过 padding 属性来设置，是指元素边框与元素内容之间的空白区域，
如图 5 – 6 所示。

和边框属性一样，可以对 padding 增加和方向有关的子属
性，还可以对盒子不同方向的内边距独立设置，如 padding-top、
padding-bottom。不同的是，一个 padding 属性可以直接设置不同
方向的不同内边距。参考如下代码：

图 5 – 6 设置盒子的内边距

```
/*分别设置不同方向的内边距*/
padding – top:10px;
padding – right:5%;
padding – bottom:10px;
padding – left:5%;
/*复合属性设置*/
padding:20px;                    /*4 个方向的内边距均为20px*/
padding:10px 20px;               /*上下内边距为10px,左右内边距为20px*/
padding:5px 10px 20px;      /*上边距为5px,右边距为10px,下边距为20px,左边距为10px*/
padding:5px 10px 20px 25px;    /*按顺时针分别是上边距5px,右边距10px,下边距20px,左边
距25px*/
```

采用复合属性 padding 分别设置 4 个方向的内边距时，始终以 top 方向为起点，按顺时针
方向分别定义上、右、下、左。如果缺少某个方向的内边距值，则默认为对称方向的值。

padding 属性值可以为长度值或百分比值。但不允许使用负值。百分比值是相对于其父元
素的 width 计算的，如果父元素的 width 改变，其 padding 值也会随之改变。

下面的语句定义的先后顺序不同，结果会完全不同。

1) 先定义统一 padding 样式，再单独定义 right 方向的 padding。

```
padding:30px;
padding – right:10px;
```

2）先单独定义 right 方向的 padding，再定义统一的 padding 样式。

```
padding - right:10px;
padding:30px;
```

1）中 right 方向的内边距为 10px，其他 3 个方向的内边距均为 30px；2）中 4 个方向的内边距均为 30px，如图 5 - 7 所示。

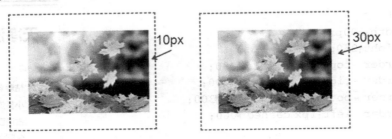

10px

30px

图 5 - 7　采用不同顺序设置单边 padding

这是因为 padding 属性包含了 padding-right 属性，所以会由于层叠性而引起样式冲突，根据"就近原则"的优先级判定方法，后定义的样式语句会覆盖前面的语句，因此出现了两种不同的结果。

5.2.4　盒子的外边距

盒子的外边距可以通过 margin 属性来设置，是指围绕在元素边框外的空白区域。设置外边距会在元素外创建额外的"空白"，通常用来控制多个盒子之间的相互间隔，如图 5 - 8 所示。

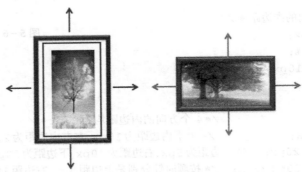

图 5 - 8　盒子的外边距

图 5 - 8 中箭头表示的区域就是可以为盒子设置外边距的区域，margin 属性可以采用像素、英寸、毫米或 em 等长度单位，也可以采用百分比值。margin 属性的设置方法和 padding 类似，主要是考虑不同方向的设置问题，例如：

```
margin:20px;
margin - left:50px;
```

margin 属性值可以设置为 auto，auto 表示由浏览器来计算外边距。如果将 margin-left 和 margin-right 的值都设置为 auto，会使盒子在父元素区域内对盒子边框以外的空白区域平均分配给左右外边距，因此可以利用这个属性值的特点为盒子设置水平居中效果，参考案例如下。

demo5 – 3. html：

```
<! DOCTYPE HTML >
<html >
<head >
    <meta charset = "UTF – 8" >
    <title >盒子外边距</title >
    <link rel = "stylesheet" type = "text/css" href = "../css/demo5 – 3 – 1.css"/ >
</style >
</head >
<body >
    <div class = "container" >hello </div >
</body >
</html >
```

在样式文件 demo5 – 3 – 1. css 中，对类名为 "container" 的元素设置了宽度、高度及背景颜色之后，并利用 margin 的 auto 属性值进行设置：

```
.container{
    width:300px;
    height:150px;
    background – color:#DCDCDC;       /*设置元素背景颜色*/
    margin:0 auto;       /*上下外边距为0,左右外边距为auto*/
}
```

其效果如图 5 – 9 所示，盒子的左右两侧分配了相同的外边距。

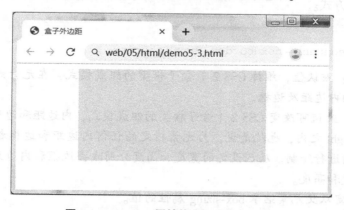

图 5 – 9　margin 属性值为 auto 时的效果

并不是对所有盒子设置的外边距都有效，这和元素的类型有关，例如，在 CSS 中，对 inline 类型的元素不能设置垂直方向的外边距。

5.2.5　盒子的宽与高

1. 盒子的尺寸

当完成了对一个盒子 4 要素的设置后，发现该盒子在页面中的实际占位空间已经远远超出了设置的 width（宽度）和 height（高度）。盒子的宽度和高度是指该元素在网页中的实际所占尺寸。

一个元素在网页中所占的实际尺寸 = content + padding + border + margin。

如图 5 - 10 所示，该元素内容的 width = 200px，加上内边距、边框和外边距的宽度，最后在网页中的实际宽度为（200 + 2 × 2 + 20 × 2 + 30 × 2）px，即 304px，高度也是相同的计算方法。

需要说明的是，IE 浏览器对 width 和 height 有不同的解读。在 IE 浏览器中，width 和 height 包括了 border 和 padding 的宽度。IE 浏览器中的盒子模型称为 IE 盒模型。

在 IE 盒模型下，如果设置 width = 100px，padding = 10px，border - width = 0px，那么在不溢出的情况下，内容的实际宽度就只剩下 80px。

我们学习并讨论的是遵守 W3C 规范的标准 W3C 盒子模型。

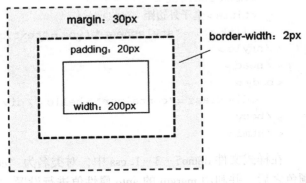

图 5 - 10　盒子的宽度和高度

2. box-sizing 属性

在标准 W3C 盒子模型下，对于设置好 width 和 height 的元素，往往会由于又设置了边框或内外边距，导致元素在页面中的占位发生了变化，影响了盒子在页面中的布局。

CSS3 中的 box-sizing 属性可以改变盒子模型的组成方式标准，使开发人员根据自己的需求选择不同的组成方式。

基本语法：

```
box - sizing: content - box |border - box |inherit;
```

- content-box：默认值，维持 CSS 2.1 盒子模型的组成模式，在元素的宽度和高度之外绘制元素的内边距及边框。
- border-box：此值可改变 CSS 2.1 盒子模型的组成模式，内边距和边框被包含在定义的 width 和 height 之内，也就是说，为元素指定的任何内边距和边框都将在已设定的宽度和高度内进行绘制。从已设定的宽度和高度分别减去边框和内边距，才能得到内容区域的宽度和高度。
- inherit：规定从父元素继承 box-sizing 属性的值。

对参考案例 demo5 - 3. html，重新引用新的外部样式表文件 demo5 - 3 - 2. css，代码如下：

```
.container{
        width:200px;
        height:150px;
        background - color:#F0F8FF;              /*设置元素的背景颜色*/
        border:1px solid blue;
        padding:20px;
        margin:10px;
```

```
box-sizing:content-box;
}
```

当前的 box-sizing 属性设置为默认值 content-box，元素在网页中的实际占位宽度 = (200 + $1 \times 2 + 20 \times 2 + 10 \times 2$) px = 262px，边框和内边距相对于宽度 width 另外计算，如图 5 - 11 所示。

在样式表中修改 box-sizing 的属性值，代码如下：

```
box-sizing:border-box;
```

元素在网页中的实际占位宽度 = 200 + 10 × 2 = 220px，此时，border 和 padding 的宽度包含在 width 中了，表示元素内容的宽度仅剩 (200 - 1 × 2 - 20 × 2) px = 158px，如图 5 - 12 所示。

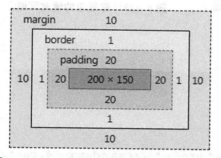

图 5 - 11 box-sizing 的属性值为 content-box 时

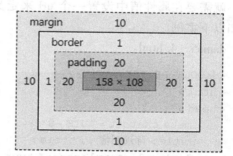

图 5 - 12 box-sizing 的属性值为 border-box 时

在网页布局和页面设计时，为了方便计算盒子的占位，人们经常统一将所有元素的 box-sizing 属性值设置为 border-box，该操作可以在初始化的时候完成。这里推荐采用以下定义方式：

```
/*对网页的 box-sizing 属性初始化 */
html{
    box-sizing:border-box;
}
*,*:before,*:after{
    box-sizing:inherit;      /*规定从父元素继承 box-sizing 属性的值 */
}
```

5.3 盒子的背景设置

我们可以为盒子设置背景色或背景图像，丰富网页元素的显示效果。

5.3.1 背景色

可以使用 background-color 属性设置背景色，这个属性可接收任何合法的颜色值。例如：

```
background-color: red;
```

```
background - color:#ADD8E6;
background - color:rgba(255,255,0,0.5);
```

背景颜色的填充区域默认是包含边框及以内的区域，即也包括边框自身所在区域。如图 5 - 13 所示，通过虚线边框的间隔可以看到边框所在区域也被背景色填充了。

图 5 - 13　背景色的填充区域

5.3.2　背景图像

CSS 可以通过属性 background-image 将图像作为元素的背景来设置。默认情况下，该属性的属性值为 none，表示元素的背景上没有放置任何图像。如果设置背景图像，就需要在属性值中设置一个 url 来定义图像的信息，例如以下案例。

demo5 - 4. html：

```
<! DOCTYPE HTML >
<html >
<head >
    <meta charset = "UTF - 8" >
    <title >背景图像</title >
    <link rel = "stylesheet" type = "text/css" href = "../css/demo5 -4.css"/ >
</head >
<body >
    <div class = "container" >
        <h1 >望庐山瀑布</h1 >
        <h3 >唐 - 李白</h3 >
        <p >日照香炉生紫烟，</p >
        <p >遥看瀑布挂前川。</p >
        <p >飞流直下三千尺，</p >
        <p >疑是银河落九天。</p >
    </div >
</body >
</html >
```

下面设置相关的 CSS 样式（demo5 - 4. css），其中包括了背景图像的设置，代码如下：

```
.container{
width:500px;
height:400px;
margin:0 auto;
text - align:center;
border:1px solid gray;
background - image:url(../img/5 -3.jpg); /* 利用 url 来指定作为背景的图像 */
}
```

这时网页的效果如图 5 - 14 所示。

　　当图片小于设置背景的元素大小时，默认情况下，背景图像通过不断重复铺满整个元素的背景区域。另外，还可以利用其他几个与背景图像相关的属性更灵活地控制元素的背景。

1. background-repeat

　　该属性称为背景重复属性，用来设置背景图像是否平铺及平铺的方式，有 4 个属性值。

图 5 - 14　设置背景图像

- repeat：沿水平和竖直两个方向平铺（默认值）。
- no-repeat：不平铺，图像位于元素的左上角，只显示一次。只有在 no-repeat 下，图片的定位属性和背景滚动属性才有用。
- repeat-x：只沿水平方向平铺。
- repeat-y：只沿竖直方向平铺。

　　如果在 demo5 - 4. css 中将图像的背景重复属性设置为：

```
background - repeat:no - repeat;          /*或 repeat - x 或 repeat - y */
```

　　此时可以看到图 5 - 15 所示的不同背景图像的平铺样式。

a)　　　　　　　　　　　　b)　　　　　　　　　　　　c)

图 5 - 15　不同背景图像的平铺样式

　　a）设置为 no-repeat 时的样式　　b）设置为 repeat-x 时的样式　　c）设置为 repeat-y 时的样式

2. background-position

　　从图 5 - 15 中可以看出，背景图像默认从元素的左上角开始平铺。我们可以通过背景定位属性 background-position 改变图像在背景中的位置。

　　background-position 的属性值可以直接采用长度值，也可以用百分比值。除此之外，background-position 的属性值也可以使用一些方位关键字，如 top、center 等。

　　（1）长度值　以元素的左顶点作为坐标原点，用长度值描述图像的 x 轴距离和 y 轴距离，如 "background-position:160px 80px;"，如图 5 - 16 所示。

　　此时，图像左上角的 $x = 160\text{px}$，$y = 80\text{px}$，如果只设置一个值 "background-position：

160px；"，则表示 $x = 160$px，y 默认垂直方向居中对齐。用于定位的坐标值也可以取负值，如图 5 - 17 所示。

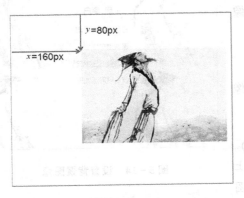
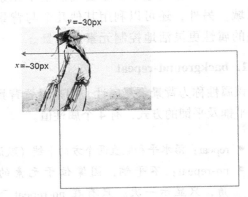

图 5 - 16　设置背景图像的定位为长度值（1）　　图 5 - 17　设置背景图像的定位为长度值（2）

当坐标值为负数时，部分图像可能会溢出元素的背景显示区域。我们也可以利用这个特性将图像的一部分作为背景图像，而不用去切图（在浏览器中，溢出部分不会显示出来）。

（2）百分比　当使用百分比作为背景图像坐标时，x 轴和 y 轴的长度计算方法和之前的有些不同。

$x =$（元素宽度 – 图像宽度）* 百分比值，$y =$（元素高度 – 图像高度）* 百分比值

例如 "background-position：25% 25%；"，以 x 轴为例计算，设置背景图像的元素 div. container 的宽度为 500px，图像的宽度为 328px，因此 $x = [（500 - 328）\times 25\%]$px $= 43$px，如图 5 - 18 所示。

（3）方位关键字　表示方位的关键字有 top、bottom、left、right、center。采用这种方式定位背景图像与坐标无关，直接表示背景图像显示在元素的对应区域。例如：

```
background - position:right bottom;          /* 图像位于元素右下角 */
```

效果如图 5 - 19 所示。

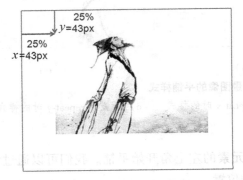

图 5 - 18　使用百分比定位背景图像　　　图 5 - 19　使用方位关键字定位背景图像

3. background-attachment

有时候文档比较长，随着文档的上下滚动，背景图像也随着文档上下滚动，甚至完全不显示在窗口中，背景关联属性 background-attachment 可以改变这种默认的背景图像滚动模式。

- background-attachment：scroll；默认设置，背景图像随文档一起滚动。
- background-attachment：fixed；背景图像固定于窗口的相对位置。

以上两种属性的效果分别如图 5-20 和图 5-21 所示。

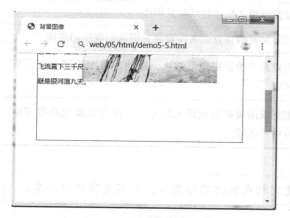

图 5-20　背景图像随文档滚动

图 5-21　背景图像固定不动

从图 5-20 可以看出，当文档向上滚动时，背景图像也随之慢慢向上滚动，直至从窗口中消失；从图 5-21 可以看出，文档一直向上滚动，但背景图像始终固定于窗口的相对位置。

　注意：fixed 是相对于父级元素定位的，一旦设置了该属性值，background-position 的坐标原点就不再是背景图像元素的左上角，而是其父元素的左上角。

元素的背景属性可以采用复合属性 background 来统一设置，各个样式顺序任意，中间用空格隔开，不需要的样式可以省略，例如：

```
background:#f6f4f7 url(../img/5-3.jpg) no-repeat left bottom;
```

5.3.3　其他背景属性

CSS3 中新增了几个背景属性和对背景的控制功能，可以对背景图像进行更强大的控制。

- background-size：设置背景图像的尺寸。
- background-origin：设置背景图像的定位区域。
- background-clip：设置背景图像的绘制区域。
- 设置多重背景。

1. background-size

基于语法：

```
background-size: length |percentage |cover |contain;
```

默认情况下，background-size 的取值为 auto，背景图像按原始尺寸显示，若图像太大，超出元素背景区域的部分溢出（不显示）。其他设置见表 5-1。

表 5-1 background-size（背景尺寸）属性

属性值	举例	描述
length	background-size:300px 400px;	根据设置的尺寸显示背景图像
percentage	background-size:50% 60%;	以父元素的百分比来设置背景图像的宽度和高度
cover	background-size:cover;	把背景图像扩展至足够大，以使背景图像完全覆盖背景区域
contain	background-size:contain;	把背景图像扩展至最大尺寸，以使其宽度或高度完全适应内容区域

 注意：如果父元素是 body，body 的高度是文档内容的实际高度，而不是窗口的高度。

cover 和 contain 都是通过对背景图像的长宽进行等比例缩放来适应元素的背景区域的。不同的是，cover 会缩放至铺满整个元素，可能导致部分溢出图片的内容被裁剪；contain 根据某一边缩放至铺满元素，可能另一边未能铺满元素背景区域而导致留白，如图 5-22 所示。

留白

a)   b)

图 5-22 不同 background-size 属性值的效果

a）cover 属性值时的效果   b）contain 属性值时的效果

2. background-origin

该属性用于设置背景图像的定位区域。

基本语法：

```
background - origin: padding - box |border - box |content - box;
```

- padding-box：默认值，背景图像相对于内边距框来定位。
- border-box：背景图像相对于边框盒来定位。
- content-box：背景图像相对于内容框来定位。

如图 5-23 所示，不同取值时的背景图像的定位起点不同。

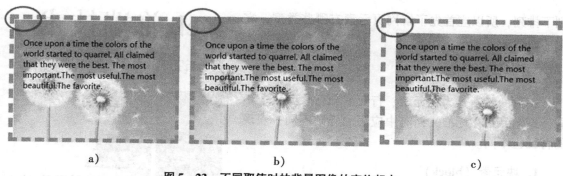

图 5 – 23　不同取值时的背景图像的定位起点

a）padding-box 时的定位起点　b）border-box 时的定位起点　　c）content-box 时的定位起点

3. background-clip

该属性用于设置背景图像的绘制区域。

基本语法：

```
background – clip: border – box |padding – box |content – box;
```

background-origin 和 background-clip 看上去非常相似，都表示元素背景图像与元素边框、内边距（padding）和内容区域（content）之间的某种关系。两者的区别如下。

background-clip，该属性指定了背景在哪些区域（边框、内边距或内容）可以显示，但与背景开始绘制的位置无关；background-origin，该属性指定了背景从哪个区域（边框、内边距或内容）开始绘制，可以用这个属性在边框上绘制背景，但边框上的背景是否显示出来就要由 background-clip 来决定了。

4. 设置多重背景

CSS3 允许为元素设置多个背景，例如：

```
background:url（../img/5 – 1.jpg）top left,
url(../img/5 –2.jpg)bottom right;
background – repeat:no – repeat;
```

效果如图 5 – 24 所示。

默认情况下，第一幅背景图片位于上方，第二幅位于下方，并以此类推，所以位于上方的图片如果不设置 no-repeat，将会遮挡住下方的图片，使多重效果无用。

图 5 – 24　多重背景效果

5.4　标准文档流

"标准文档流" 简称 "标准流"，是指在不使用其他与排列和定位相关的特殊 CSS 规则时，不同类型元素的默认排列规则。

如图 5 – 25 所示的网页中的元素，有些元素默认自动从左至右排列，有些元素默认从上到下排列，所以应首先了解网页元素有哪些类型，它们如何遵循"标准文档流"。

5.4.1　元素的分类

网页的元素分为块元素、行元素和行块元素。不同类型的元素在标准文档流中应用的规则不同，表现的特征也不同。

图 5-25　网页元素自动排列

1. 块元素（block）

● 在页面中以区域块的形式出现，独自占据一整行或多行，不与其他元素并列。

● 可以对其设置宽度、高度、对齐方式等属性。

● 如果不设置宽度，将继承父元素的宽度。

● 常见块元素：<hn>、<p>、<ul>、<div>等。

2. 行元素（inline）

● 显示元素内容的实际宽度，可与其他行元素并列。

● 不可以对其设置宽度、高度、对齐方式等属性。

● 常用于控制页面的文本样式。

● 常见行元素：<a>、<em>、<strong>、<span>等。

3. 行块元素（inline-block）

● 显示元素内容的实际宽度，可与其他行元素或行块元素并列。

● 可以对其设置宽度、高度、对齐方式等属性。

● 常见行元素：<img>、<input>等。

5.4.2　元素的位置关系

元素在网页上的占位由盒子模型的 4 要素构成，元素与元素之间的相互位置和间距也受这 4 个要素影响，其中最应该考虑的是外边距和内边距。

在 5.2.4 小节介绍盒子的外边距时，就曾经提到过不是所有元素的外边距设置都有效，这主要和元素的类型有关。下面详细介绍不同类型元素的外边距的实现情况，代码见 demo5-5.html。

demo5-5.html：

```
<!DOCTYPE HTML>
<html>
<head>
    <meta charset="UTF-8">
    <title>行块元素</title>
    <link rel="stylesheet" type="text/css" href="../css/demo5-6.css"/>
</head>
<body>
    <span class="one">hello</span><span class="two">world</span>
```

```
    < div class = "box1" >box1 </div >
    < div class = "box2" >box2 </div >
    < img src = "../img/5 -1.jpg" class = "img1"/ >
    < img src = "../img/5 -2.jpg" class = "img2"/ > <br/ >
    < img src = "../img/5 -4.jpg" class = "img3"/ >
</body >
</html >
```

1. 水平排列

因为只有行元素和行块元素可以水平并排，因此水平距离只可能在这两种元素之间产生。下面的案例中有两个行元素，即 .one 和 .two。分别为两个盒子设置 margin-right 和 margin-left，其效果如图 5-26 所示。

```
.one{margin -right:30px;}
.two{margin -left:20px;}
```

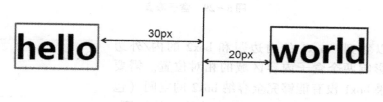

图 5 - 26　水平距离的计算

2. 垂直排列

行元素设置的上下 margin 是无效的，块元素和行块元素可以设置垂直方向的 margin。一般情况下，上下相邻的两个元素的间距会采用外边距合并的计算方法，例如：

```
.box1{ margin -bottom:50px;}
.box2{ margin -top:30px;}
```

最终上下两个元素的间距为 50px，取两个外边距中的较大值，如图 5-27 所示。

但是如果在上下元素中出现了一个或两个行块元素，则上下元素的间距采用的是外边距求和的计算方法，如图 5-28 所示。

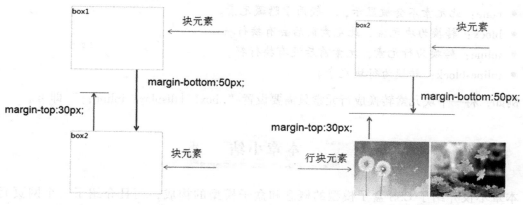

图 5 - 27　块元素与块元素　　　　　　图 5 - 28　块元素与行块元素

3. 元素嵌套

文档的上下文关系可用嵌套来描述，当表示盒子的元素发生嵌套时，它们之间的相互关系是怎样的呢？如图 5 - 29 所示，box2 嵌套在 box1 内。

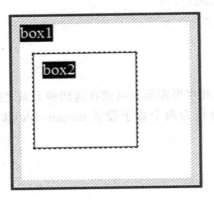 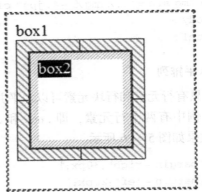

图 5 - 29　盒子嵌套

从图中可以看到，box1 的内边距和 box2 的内/外边距及边框都会影响两个盒子内容区域的相对位置。需要考虑的是，如果 box1 没有能够完全容纳 box2 的空间（包括 box1 的内边距和内容区域，box2 的内边距、外边距、内容及边框），box2 会发生溢出，这时两者之间的位置关系如图 5 - 30 所示。

从图中可以看出，box2 的部分区域已经从 box1 中溢出。为了解决这个问题，可以利用 overflow 属性来控制这种情况，这里就不具体展开。

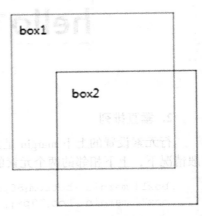

图 5 - 30　盒子嵌套溢出

5.4.3　display 属性

元素的类型会影响它们在文档流中的默认排列方式，也会影响元素与元素之间的间距，在 CSS 中可以通过 display 属性来改变元素原有的类型。

- none：此元素不会被显示，一般用于隐藏元素。
- block：转换为块元素，此元素前后会有换行符。
- inline：转换为行元素，元素前后没有换行符。
- inline-block：转换为行块元素。

例如，将一个块元素转换成行元素只需要设置 ".box1 {display：inline；}" 即可。

本章小结

本章不仅介绍了 CSS 盒子模型的概念和盒子模型的构成，而且介绍了一个网页元素在页面中的实际占宽是由 content + padding + border + margin 决定的，另外还介绍了盒子模型及其背景的设置方法，为读者以后进行网页布局打下了基础。本章最后还介绍了标准文档流的概念，使读者进一步理解了页面上元素的排列规则与元素类型有关，以及改变元素类型的方法。

【动手实践】

请读者利用所学的 CSS 盒子模型的相关知识，完成图 5 - 31 所示文档（demo5 - 6. html）的制作，要求：

1）利用盒子的内外边距实现图 5 - 31 所示的页面的布局；

2）文档中的图片均设置成背景图像，并通过设置图像的大小和位置，达到文档中显示的效果；左侧单独的树叶固定于窗口位置，不随滚动条的滚动而滚动；

3）其他样式可自行根据页面效果设置。

图 5 - 31 【动手实践】题图

【思考题】

1. 一个元素在网页中的实际占位尺寸要考虑哪些因素？在设计多个元素在网页中的位置时要注意哪些问题？

2. 什么是标准文档流？它对文档的元素有什么影响？

第6章

浮动与定位

在标准文档流中，元素是按照从上到下的顺序排列的，块元素占满一列。为了摆脱标准文档流的限制，也为了实现更灵活的排版，CSS 引入了浮动和定位这两个重要的属性。

学习目标

1. 理解浮动的概念
2. 掌握设置浮动属性的方法
3. 掌握清除浮动影响的方法
4. 理解定位的概念
5. 掌握定位的分类和设置方法

6.1 浮 动

6.1.1 浮动简介

浮动利用 float 属性使元素脱离文档流，并定义元素向左或向右浮动，当元素的外边缘遇到父元素的边框或另一个浮动元素的边框为止。

基本语法：

```
selector { float:left |right |none |inherit}
```

left 和 right 表示浮动的方向向左或向右；属性值 none 是默认值，表示不浮动；inherit 表示从父元素继承 float 的属性值。

在 .father 盒子里嵌套了 box1、box2 和 box3 三个盒子（demo6 - 1. html）。默认情况下，父元素和三个盒子的位置关系如图 6 - 1 所示。

demo6 - 1. html：

```
<! DOCTYPE HTML >
<html >
```

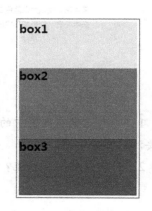

图 6 - 1　元素的标准流排列

```
<head>
    <meta charset = "UTF - 8">
    <title></title>
    <link rel = "stylesheet" type = "text/css" href = "../css/demo6 -1.css"/>
</head>
<body>
  <div class = "father">
    <div class = "box1">box1</div>
    <div class = "box2">box2</div>
    <div class = "box3">box3</div>
  </div>
</body>
</html>
```

对 box1 设置浮动, 如果向左浮动, 设置为 ". box1 {float: left;}"; 如果向右浮动, 设置为 ". box1 {float: right;}", 其结果如图6-2所示。

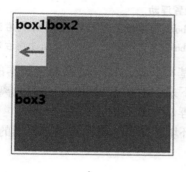 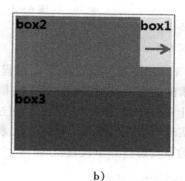

a)   b)

图 6 - 2　box1 向左及向右浮动

a) box1 向左浮动　b) box1 向右浮动

从图 6 - 2 可以看出, 对 box1 元素设置浮动之后有以下几个明显的现象:

- 因为 box1 没有设置宽度, 所以自动收缩至文本的实际宽度;
- box1 无论是向左浮动还是向右浮动, 遇到父元素的边框即停止;
- box1 脱离了文档流, 不再占用原文档流中的位置, 因此 box2 和 box3 向上移动, 占领了原来 box1 的位置;
- 浮动元素 box1 和文档流元素 box2 在水平方向上实现了并列, 在垂直位置上实现了层叠, box1 覆盖了 box2 的部分区域 (盒子里的内容不会覆盖)。

接着对 box2 设置浮动:

1) 设置 box1 向左浮动、box2 向左浮动, 结果如图 6 - 3a 所示。

```
.box1{float:left;}
.box2{float:left;}
```

2) 设置 box1 向左浮动、box2 向右浮动, 结果如图 6 - 3b 所示。

```
.box1{float:left;}
.box2{float:right;}
```

3）设置 box1 向右浮动、box2 向左浮动，结果如图 6-3c 所示。

```
.box1{float:right;}
.box2{float:left;}
```

4）设置 box1 向右浮动、box2 向右浮动，结果如图 6-3d 所示。

```
.box1{float:right;}
.box2{float:right;}
```

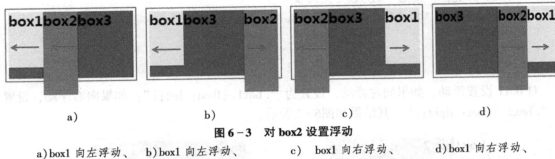

图 6-3　对 box2 设置浮动

a）box1 向左浮动、　　b）box1 向左浮动、　　c）　box1 向右浮动、　　d）box1 向右浮动、
　box2 向左浮动　　　　　box2 向右浮动　　　　　box2 向左浮动　　　　　box2 向右浮动

从图 6-3 可以看出，box2 的浮动过程和 box1 基本一致，首先是收缩至文本的宽度，然后遇到父元素的边框或其他浮动元素的边框即停止下来；由于 box1 和 box2 均脱离了标准流，box3 继续向上移动，但无论如何也不会超过前面的浮动元素 box1 的顶端。

浮动的实现本身比较简单，但浮动元素所处的环境不同可能会出现很多不同的排列效果。如果对元素的宽度进行如下设置：

```
.father{width:300px;}
.box1{width:100px; height:100px;}
.box2{width:150px; height:150px; }
.box3{height:120px;}
.box1{float:left;}
.box2{float:right;}
```

此时可能会由于显示区域不够而导致排列方式的变化，如图 6-4 所示。

这里的 box1 和 box2 都脱离了标准流，于是 box3 向上移动，占领它们原来在文档流中的位置，但由于 box1 设置的宽度为 100px，box2 设置的宽度为 150px，而父元素的总宽度只有 300px，此时 box1 和 box2 之间的距离已经不能使 box3 显示其文本内容了，于是看到，虽然 box3 盒子已经上移，与 box1 和 box2 的顶端平行，但文本内容却被挤在下方。

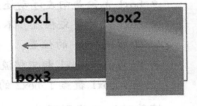

图 6-4　box1 向左浮动、
box2 向右浮动

如果此时继续对 box3 进行浮动，效果如图 6-5 所示。

```
.box3{float:left;}或 .box3{float:right;}
```

由于每个元素的宽度和高度不同，可能会产生完全不同的排列情况，因此在实现网页布局的时候要充分考虑每个元素的尺寸及可能出现的位置。

　　这里值得一提的是父元素的高度，因为父元素本身没有设置高度，在最初没有元素浮动的情况下，父元素的高度由文档流中 3 个子元素的高度支撑，父元素的高度＝（100＋150＋120）px＝370px。当 box1 和 box2 通过浮动脱离标准流之后，父元素的高度就仅由 box3 支撑，即 120px。最后 box3 也进行了浮动，父元素中已经没有标准流元素，此时父元素的高度为 0，仅留下由其 padding 支撑的空间。

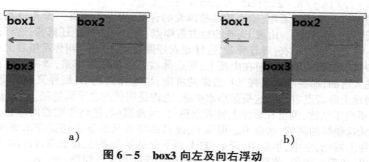

a)　　　　　　　　　　　　　　　　b)

图 6 - 5　box3 向左及向右浮动

a) box3 向左浮动　b) box3 向右浮动

　　根据对浮动效果的总结，继续补充几点浮动的特性：

- 浮动元素不再区分行、块等元素类型，所有浮动元素都可以设置宽、高；
- 后浮动的元素不会超越前面浮动元素的顶端；
- 浮动元素可以在一行并排显示，如果显示区域宽度不足，那么后浮动的元素自动移位到下一行；
- 浮动会影响该元素以下的内容，不会影响该元素以上的内容。

　　浮动的本意是将插入到文档中的图片向左或者向右浮动，使图片下方的文字自动环绕在它的周围，使图片的左边或者右边不出现一大块的留白。

　　下面通过案例介绍利用图像的浮动实现图像和文字的混排。

demo6 - 2. html：

```
<! DOCTYPE HTML >
<html >
<head >
<meta charset = "UTF - 8" >
<title >冬雪</title >
<link rel = "stylesheet" type = "text/css" href = "../css/demo6 -2.css"/>
</head >
<body >
<div id = "con" >
<h2 >济南的冬天</h2 >
<h4 >老舍</h4 >
<img  src = "../img/6 -1.jpg" class = "lf_img"/>
```

　　<p >对于一个在北平住惯的人，像我，冬天要是不刮风，便觉得是奇迹；济南的冬天是没有风声的。对于一个刚由伦敦回来的人，像我，冬天要能看得见日光，便觉得是怪事；济南的冬天是响晴的。自然，在热带的地方，日光是永远那么毒，响亮的天气，反有点叫人害怕。可是，在北中国的冬天，而能有温晴的天气，济南真得算个宝地。</p >

　　<p >设若单单是有阳光，那也算不了出奇。请闭上眼睛想：一个老城，有山有水，全在天底下晒着阳光，

暖和安适地睡着,只等春风来把它们唤醒,这是不是个理想的境界? 小山整把济南围了个圈儿,只有北边缺着点口儿。这一圈小山在冬天特别可爱,好像是把济南放在一个小摇篮里,它们安静不动地低声地说:"你们放心吧,这儿准保暖和。"真的,济南的人们在冬天是面上含笑的。他们一看那些小山,心中便觉得有了着落,有了依靠。他们由天上看到山上,便不知不觉地想起:"明天也许就是春天了吧? 这样的温暖,今天夜里山草也许就绿起来了吧?"就是这点幻想不能一时实现,他们也并不着急,因为有这样慈善的冬天,干啥还希望别的呢! </p>

    < img　src = "../img/6 –2.jpg" class = "ri_img" >

    <p >最妙的是下点小雪呀。看吧,山上的矮松越发的青黑,树尖上顶着一髻儿白花,好像日本看护妇。山尖全白了,给蓝天镶上一道银边。山坡上,有的地方雪厚点,有的地方草色还露着;这样,一道儿白,一道儿暗黄,给山们穿上一件带水纹的花衣;看着看着,这件花衣好像被风儿吹动,叫你希望看见一点更美的山的肌肤。等到快日落的时候,微黄的阳光斜射在山腰上,那点薄雪好像忽然害了羞,微微露出点粉色。就是下小雪吧,济南是受不住大雪的,那些小山太秀气! 古老的济南,城里那么狭窄,城外又那么宽敞,山坡上卧着些小村庄,小村庄的房顶上卧着点雪,对,这是张小水墨画,也许是唐代的名手画的吧。 </p>

    <p >那水呢,不但不结冰,倒反在绿萍上冒着点热气,水藻真绿,把终年贮蓄的绿色全拿出来了。天儿越晴,水藻越绿,就凭这些绿的精神,水也不忍得冻上,况且那些长枝的垂柳还要在水里照个影儿呢! 看吧,由澄清的河水慢慢往上看吧,空中,半空中,天上,自上而下全是那么清亮,那么蓝汪汪的,整个的是块空灵的蓝水晶。这块水晶里,包着红屋顶,黄草山,像地毯上的小团花的小灰色树影; </p>

    <p class = "sp" > < span >这就是冬天的济南 </ span > </ p >

    </ div >

    </ body >

    </ html >

对文档设置 demo6 – 2. css 样式:

```css
* {
    margin:0;
    padding:0;
}
body{
    font – family:Arial,Helvetica,sans – serif;
    font – size:14px;
    line – height:1.8;
    color:#000;
}
h2 {
    text – align:center;
    color:#6CC;
    font – size:36px;
    font – family:"华文新魏";
}
/* 设置主体盒子 con 及盒子内文本的基本属性 */
#con{
    width:75% ;
    margin:0auto;
}
#con p{
    text – indent:2em;
}
#con h4 {
    font – family:"微软雅黑";
    text – align:center;
```

```
    font-size:16px;
    color:#6CC;
}
#con.sp{
    color:#6cc;
    text-align: center;
    font-size:28px;
    font-family:"华文新魏";
}
/*设置图片分别向左和向右浮动*/
.lf_img{
    width:200px;
    height:150px;
    margin-right:10px;
    float:left;
}
.ri_img{
    width:150px;
    height:200px;
    margin-left:10px;
    float:right;
}
```

最后实现图 6 - 6 所示的页面效果。

图 6 - 6　图文混排

6.1.2　清除浮动

设计一个上下结构的页面，上半部分利用元素的浮动形成左右排列的模式，如图 6 - 7 所示。

```
.left{float:left;width:35% ;}
.right{float:right;width:60% ;}
```

但因为下面的元素 footer 受元素 left 和元素 right 脱离标准流的影响，向上移动后实际得到的页面效果如图 6 - 8 所示。

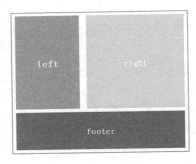

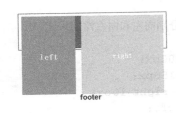

图 6 - 7　设计布局　　　　　　　图 6 - 8　受浮动影响后的布局

根据浮动的特性，浮动元素会影响该元素之下的元素，因此在进行页面设计时，有些时候需要清除浮动造成的不利影响。

清除浮动造成的不利影响的常用方法有 4 种，下面将逐一进行介绍。

1. 使用 clear 属性

clear 是 CSS 专门为清除浮动影响而提供的属性。

基本语法：

```
clear:left |right |both;
```

left 表示清除该元素左侧的浮动元素，right 是指清除该元素右侧的浮动元素，both 是指清除该元素两侧的浮动元素。清除浮动元素并不是删除浮动元素，而是消除浮动造成的影响。例如：

```
.footer{clear:left;}    /*清除 footer 左侧的浮动元素 */
```

对底部元素 footer 设置 clear:left; 之后，根据浮动元素 left 和 right 的高度，可得到图6 - 9 所示的 3 种效果。

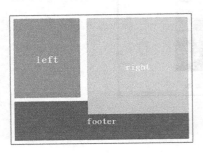
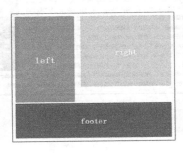
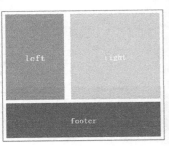

a)　　　　　　　　　　　b)　　　　　　　　　　　c)

图 6 - 9　清除 footer 左侧浮动元素后的效果

a）right 高　b）left 高　c）left 和 right 等高

　　由于清除了 footer 左侧的浮动元素，因此向左浮动的元素（这里指 left）不再对 footer 造成影响，footer 不会超越 left 元素的底部，但 footer 依然受右侧浮动元素的影响，所以当 right 比 left 高时，就会出现图 6 - 9a 所示的情况，footer 向上移动但遇到 left 的底部就停止了。

　　如果单独对 footer 清除右侧的浮动元素，即 ". footer {clear：right;}"，其效果和清除左侧浮动元素类似，不会超过所有右侧浮动元素的底部。

　　如果要清除所有浮动元素产生的影响，只要设置 ". footer {clear：both;}" 就可以了，这样 footer 就位于之前的所有浮动元素中最高的那个元素的底部，如图 6 - 10 所示。

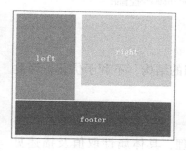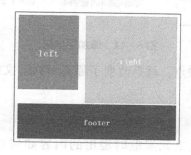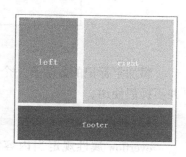

a)　　　　　　　　　　　　　b)　　　　　　　　　　　　c)

图 6 - 10　清除 footer 两侧浮动元素后的效果

a) left 高　b) right 高　c) left 和 right 等高

　　注意：设置了 clear 属性的元素，margin - top 就无效了。

2. 添加空标记

　　clear 使用方法简单，但是只适用于清除兄弟元素浮动产生的影响，对于嵌套元素的浮动无能为力。

　　当嵌套中的所有子元素都浮动后，父元素的高度就为 0，一个解决的方法是为父元素直接设置一个高度，但是这只适合固定高度的布局，不能适应现在比较主流的响应式布局；另一个方法就是为父元素添加一个空标记。

　　在父元素内部的所有元素之后添加一个空标记 < div > < / div >，并且为该标记设置 "clear：both;"，demo6 - 3 的部分代码如下。

```
< div class = "container" >
< div class = "left" >left < /div >
    < div class = "right" >right < /div >
    < div class = "nothing" style = "clear:both;" > < /div > <! - -添加没有实际内容
的空标记 - - >
< /div >
```

　　效果如图 6 - 11 所示。

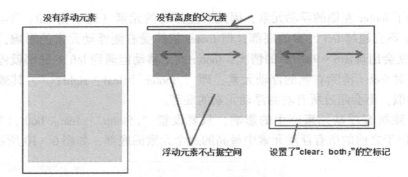

图 6-11　添加空标记

　　添加空标记的方法有一个缺点，就是改变了原有 HTML 文档的结构，不利于优化，因此并不提倡使用。

3. 利用 overflow 属性

　　overflow 属性规定当内容溢出元素框时溢出的内容如何处理，具体属性取值及描述见表 6-1。

表 6-1　overflow 属性

属性取值	属性描述
visible	默认值，溢出的内容会呈现在元素框之外
hidden	内容会被修剪，并且其修剪掉的内容是不可见的
scroll	内容会被修剪，但是浏览器会显示滚动条以便查看其余的内容
auto	如果内容被修剪，则浏览器显示滚动条以便查看其余的内容
inherit	规定应该从父元素继承 overflow 属性的值

　　当盒子里的内容发生溢出时，利用 overflow 属性可以得到几种不同的处理效果，如图 6-12 所示。

Doing as they were told, the colors united and joined hands. The rain continued: "From now on, when it rains, each of you will stretch across the sky in a great bow of color as a reminder that you can all live in peace. The Rainbow is a sign of hope for tomorrow." And so, whenever a good rain washes the world, and a Rainbow appears in the sky, let us remember to appreciate one another.

a)

Doing as they were told, the colors united and joined hands. The rain continued: "From now on, when it rains, each of you will stretch across the sky in a great bow of color as a reminder that you can all live in peace. The Rainbow is a sign of hope for tomorrow." And so, whenever a good rain washes the world, and a Rainbow

b)

Doing as they were told, the colors united and joined hands. The rain continued: "From now on, when it rains, each of you will stretch across the sky in a great bow of color as a reminder that you can all live in peace. The Rainbow is a sign of hope for tomorrow." And so,

c)

Doing as they were told, the colors united and joined hands. The rain continued: "From now on, when it rains, each of you will stretch across the sky in a great bow of color as a reminder that you can all live in peace. The Rainbow is a sign of hope for tomorrow." And so, whenever a good rain washes

d)

图 6-12　overflow 属性的不同处理效果

a）visible　b）hidden　c）scroll　d）auto

　　因为 hidden、scroll 和 auto 属性会自动检测浮动区域的高度，因此只要对父元素设置"overflow:hidden;"，就算所有子元素就都浮动了，overflow 依然会为父元素保留这个高度，从而达到清除浮动影响的目的。

4. 利用 after 伪元素

利用 after 伪元素和添加空标记的原理类似，但又不会破坏 HTML 原文档的结构，对父元素 container 添加 after 伪元素的代码：

```
.container:after{
clear:both;
content:;
display:block;
width:0;
height:0;
visibility:hidden;
    }
```

这种方法的原理简单，浏览器支持性好，也不容易出现其他问题，是当前比较推荐的一种方法。

利用浮动实现简单的页面布局，如图 6 – 13 所示。

从布局设计来看，aside 向左浮动，article 向右浮动，footer 清除浮动的影响后依然位于底部，在 article 中利用浮动实现简单的图文混排，代码如下。

demo6 – 4. html：

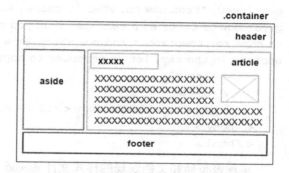

图 6 – 13 利用浮动实现简单的页面布局

```
<! DOCTYPE HTML >
<html >
<head >
    <title >友谊的颜色 </title >
    < link rel = "stylesheet" type = "text/css" href = "../css/demo6 – 4.css" />
</head >
<body >
    <header > </header >
    <div class = "container" >
    <aside >
        <ul >
            <li > <a href = "#" class = "one" >Green </a > </li >
            <li > <a href = "#" >Blue </a > </li >
            <li > <a href = "#" >Yellow </a > </li >
            <li > <a href = "#" >Orange </a > </li >
            <li > <a href = "#" >Red </a > </li >
            <li > <a href = "#" >Purple </a > </li >
            <li > <a href = "#" >Indigo </a > </li >
        </ul >
    </aside >
    <article >
    <h1 >The Color of Friendship </h1 >
```

```
<img src="../img/6-4.jpg"/>
<p>Once upon a time the colors of the world started to quarrel. All claimed
that they were the best. The most important.The most useful.The most beautiful.The
favorite.</p>
<p>green said:"Clearly I am the most important. I am the sign of life and of
hope. I was chosen for grass, trees and leaves. Without me, all the animals would die.
Look over the countryside and you will see that I am in the majority."</p>
<p>Blue interrupted:"You only think about the earth, but consider the sky
and the sea. The sky gives space and peace and serenity. It is the water that is the
basis of life. And drawn up by the clouds from the deep sea. Without my peace, you
would all be nothing."</p>
<p>Yellow chuckled:"You are all so serious. I bring laughter, gaiety, and
warmth into the world. The sun is yellow, the moon is yellow, and the stars are
yellow. Every time you look at a sunflower, the whole world starts to smile. Without
me there would be no fun."</p>
<p>......</p>
<p>Doing as they were told, the colors united and joined hands. The rain
continued:"From now on, when it rains, each of you will stretch across the sky in a
great bow of color as a reminder that you can all live in peace. The Rainbow is a sign
of hope for tomorrow." And so, whenever a good rain washes the world, and a Rainbow
appears in the sky, let us remember to appreciate one another.</p>
        </article>
    </div>
    <footer><h3>Rainbow</h3></footer>
</body>
</html>
```

实现该布局和文档表现的样式文件 demo6-4.css：

```css
/* 初始化 */
*{box-sizing:border-box;margin:0;padding:0;border:0;}
/* 基础样式设置 */
header{
    height:200px;
    background:url(../img/6-6.jpg)no-repeat center;
    background-size:cover;
}
.container{width:95%;margin:0 auto;}
/* 文档的主体分为左、右两部分 */
/* 左侧 aside 向左浮动，宽度占据 25% */
aside{
    clear:right;
    width:25%;
    float:left;
    margin-top:80px;
    background:url(../img/6-5.jpg)no-repeat left 70%;
}
aside ul{
    list-style:none;
```

```
        line - height:60px;
        text - align: center;
   }
   aside ul li{padding - left:20px;}
   aside ul li a{
        display:block;
        text - decoration:none;
        color:#D2691E;
        font - weight:bold;
        font - size:18px;
        border - bottom:1px dashed #330000;
   }
   a.one{border - top:1px dashed #330000;}
   /*右侧 article 向右浮动,宽度占据 75% ,形成和 aside 左右并排的布局形态 */
   article{
        width:75% ;
        float:right;
        padding - left:20px;
   }
   article h1{
        height:80px;
        line - height:80px;
        font - size:48px;
        text - shadow:5px 5px 5px gainsboro;
   }
   article img{
        width:200px;
        float:right;
   }
   article p{
        text - indent:2em;
        line - height:180% ;
   }
   /*底部 footer 清除前面盒子的影响,保持在页面底部 */
   footer{
        clear:both;
        text - align: center;
        height:100px;
        line - height:80px;
        background:url(../img/6 -7.jpg)no - repeat center;
        background - size:cover;
   }
   footer h3{
        color:#D2691E;
        font - size:48px;
        text - shadow:5px 5px 5px #FFDAB9;
   }
```

最后得到图 6 - 14 所示的效果图。

图 6 - 14　浮动实现的简单页面布局效果

6.2　定位

6.2.1　定位的概念

除了浮动之外，定位是另一种可以使元素脱离标准流的方法，是允许对网页元素通过位移定位到一个新的位置，从而实现更灵活、更复杂页面布局的方法。

定位是通过 position 属性实现的，不同的取值可实现不同方式的定位。

- static：静态定位，默认值。
- relative：相对定位，相对于其原标准流中的位置进行定位。
- absolute：绝对定位，相对于最近一个已经定位的父元素进行定位。
- fixed：固定定位，相对于浏览器窗口进行定位。

6.2.2　静态定位

静态定位是元素默认的定位属性，是元素按照标准流的规则在文档中的位置。在静态定位状态下，无法通过边偏移属性（top、bottom、left 或 right 等）来改变元素在文档中的位置。

6.2.3　相对定位

使用相对定位的网页元素，会相对于它在标准流中的初始位置，通过偏移指定的距离，到达新的位置。可以通过如下程序实现：

```
.box{
    position:relative;
    left:80px;              /*以 left 边框为基线,向右偏移80px*/
    bottom:100px;            /*以 bottom 边框为基线,向上偏移100px*/
}
```

通过定位，元素 box 到达新的位置，偏移值可以是正数，也可以是负数，例如"bottom：-100px;"，则是以 bottom 边框为基线向下偏移 100px，如图 6-15 所示。

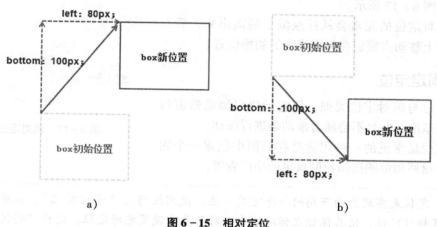

图 6-15　相对定位

a)相对定位偏移量为正数　b)相对定位偏移量为负数

使用相对定位的元素仍在标准流中，它在标准流中的初始位置会被空缺出来，而在新位置上有可能与其他元素发生叠加，如图 6-16 所示。

从图 6-16 可以看出，虽然 box2 通过相对定位到达新位置，并与 box1 的部分区域内容发生了层叠，但元素 box3 并未受到任何影响，依然在自己的初始位置上。

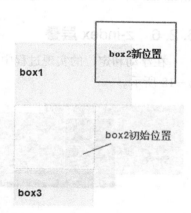

图 6-16　相对定位在标准流中

6.2.4　绝对定位

绝对定位的偏移量是以最近一个具有定位属性的父元素作为基准的，如果所有的父元素均无定位属性，则以浏览器窗口为基准。

demo6-5.css：

```
.father{
    border:1px solid #ADD8E6;
    position:relative;/*父元素设置了相对定位属性*/
}
.box1{
    background:#F0F8FF;
}
```

```
.box2{
    background:#DCDCDC;
    position:absolute;/*设置绝对定位*/
    left:120px;          /*以父元素的left边框为基线,向右偏移120px*/
    bottom:50px;         /*以父元素的bottom边框为基线,向上偏移50px*/
}
.box3{
    background:#FFDAB9;
}
```

结果如图 6 - 17 所示。

采用绝对定位的元素会从标准流中脱离出来，后面
的元素会向上移动占领它在标准流中的初始位置。

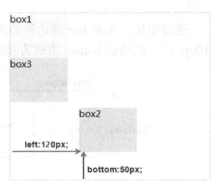

图 6 - 17　绝对定位

6.2.5　固定定位

固定定位与绝对定位类似，但它始终以浏览器窗口
作为定位的基准，并且不会随着滚动条进行滚动。

固定定位最常见的一种用途是在页面中创建一个固
定区域，如返回顶部的按钮及网页里的小广告等。

 注意：定位是实现页面布局的一个重要方法，使用技巧是"子绝父相"，意思是对父元
素设置相对定位，使其保留在标准流中，对子元素设置绝对定位，这样可将父元素作为
定位基准来实现灵活的布局。

6.2.6　z-index 层叠

在浮动和定位的实现过程中，有时会出现多个元素在垂直空间上发生层叠的现象，如图
6 - 18 所示。

图 6 - 18　元素层叠

a) 带背景色的元素层叠　b) 无背景色的元素层叠

利用层叠可以制作一些网页布局效果，但也可能引起内容显示的混乱，所以必须掌握控
制层叠的方法。CSS 用 z-index 值来描述元素的层叠顺序。元素的层叠有以下几个特点：

- 所有元素的 z-index 值都默认为 0；
- z-index 属性仅对定位元素有效；
- z-index 取整数值时，不能加单位，可以是正数，也可以是负数，值越大，定位元素在
  层叠元素中越居上；

- z-index 值相同时，浮动元素和定位元素位于标准流中其他元素的上方；
- 浮动元素与定位元素层叠时，默认情况下，定位元素位于浮动元素上方，后定义的定位元素位于先定义的定位元素上方，但可以通过修改定位元素的 z-index 值改变层叠顺序。

demo6 – 6. html：

```
<! DOCTYPE HTML >
<html>
<head>
    <meta charset = "UTF – 8" >
    <title>z – index</title>
    <link rel = "stylesheet" type = "text/css" href = "../css/demo6 – 6.css"/>
</head>
<body>
    <div class = "one" >one</div>
    <div class = "two">two</div>
</body>
</html>
```

1）第一步，初始情况下只为 one 元素设置定位属性，one 元素具有定位属性之后层叠在了 two 元素的上方，如图 6 – 19a 所示。

2）第二步，为 two 元素设置定位属性，此时 one 元素和 two 元素都具有了定位属性。因为 two 元素后定义，所以 two 元素层叠在了 one 元素之上，如图 6 – 19b 所示。

3）第三步，为 one 元素设置 z-index 值为 2，two 元素的 z-index 值为默认值 0，因此 one 元素的 z-index 值较大，one 元素层叠到了上方，如图 6 – 19a 所示。

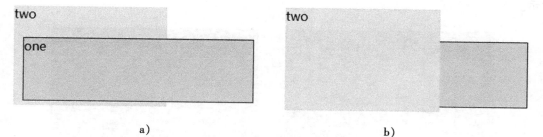

a)   b)

图 6 – 19　为 one 元素和 two 元素设置定位
a) one 元素设置定位　b) two 元素设置定位

样式文件如下。
demo6 – 6. css：

```
.one{
    width:300px;
    height:100px;
    border:1px solid blue;
    background:#ADD8E6;
    position:absolute;        /*第一步,为 one 元素设置定位属性*/
    top:50px;
    left:20px;
    z – index:2;              /*第三步*/
```

```
}
.two{
    width:200px;
    height:150px;
    background:greenyellow;
    position:absolute;      /*第二步*/
}
```

本章小结

　　本章介绍了两种可以使元素脱离标准流的方法，即浮动和定位，这也是实现网页布局的重要技术基础。通过本章的学习，读者不仅要掌握设置浮动和定位的方法，还要掌握它们在不同环境下可能出现的各种情况，掌握脱离标准流之后的元素的特性。只有这样才能在实现页面布局和进行细节处理时灵活运用这两种技术。另外，还要学会运用 z – index 控制层叠元素的顺序。

【动手实践】

　　1. 参考文中案例 demo6 – 4. html，利用浮动技术，实现具有图文混排效果的简单的页面布局网页。

　　2. 根据给定的 HTML 结构，在没有设置样式规则之前，显示如图 6 – 20a 所示。利用定位的方法将"蝴蝶""七彩的世界"和"15 天"定位到背景图片的相应位置，如图 6 – 20b所示。

七彩的世界

15天

a)　　　　　　　　　　　　　　　　　　　b)

图 6 – 20　【动手实践】题 2 图

a）定位前　b）定位后

demo6 – 7. html：

```
<div class = "main" >
    <imgsrc = "../img/6 –9.jpg"class = "pic" / >
```

```
<div class="bottom">
    <img src="../img/6-10.jpg"/>
    <h2 class="title">七彩的世界</h2>
</div>
<p class="day">15天</p>
</div>
```

【思考题】

1. 清除浮动的常规方法有哪些？如何比较它们的优劣？

2. 定位可以分为几类？为元素设置定位的时候，一般如何为它进行定位分类？

第7章

导航的制作

每个网站都有导航条，导航条是网站的重要组成部分，它放在网站醒目的位置，一般固定不变。通过导航条，我们可以很方便地在网站的各栏目之间切换，找到所需要的信息。有些导航条是水平排列的，有些是垂直排列的，还有些是折叠的。选中导航条目时，还会有交互的效果。那么这些导航条是如何制作出来的呢？这就是本章要介绍的内容。

学习目标

1. 掌握列表标签的 CSS 属性
2. 掌握垂直导航条的制作
3. 掌握水平导航条的制作
4. 掌握二级导航条的制作

7.1 列表标签的 CSS 属性

项目列表除了自身的功能外，在 HTML 文档中，还常用来组织导航栏的栏目，因为有序地排列文字更容易被搜索引擎搜录，有助于网站优化。

项目列表主要采用 < ul > 或者 < ol > 标记，然后配合 < li > 标记列出导航条目中的各项。列表标签常用的 CSS 属性如下。

1）list-style-type：定义列表前面的符号。其取值如下。

- none：取消列表的符号。
- disc：实心圆，默认值。
- circle：空心圆。
- square：实心矩形。

实际工作中最常用的方式为 "list-style：none；"。

2）list-style-position：定义列表符号的位置。其取值如下。

outside：列表符号位于文本区域之外，并且环绕文本根据列表符号对齐，默认值。

inside：列表符号位于文本区域之内，并且环绕文本不根据列表符号对齐。

demo7 - 1. html：

```
<! DOCTYPE HTML >
<html >
    <head >
        <meta charset = "UTF -8" >
        <title >列表属性练习</title >
        <style >
            .nav{
                width:160px;
                border:1px solid #006699;
            }
            .nav ul{
                list -style -type:circle;
                list -style -position:inside;
                }
        </style >
    </head >
    <body >
        <div class = "nav" >
        <ul >
            <li >掌握列表标签的各种 CSS 属性</li >
            <li >理解链接的伪类及设置</li >
            <li >掌握垂直菜单的制作</li >
            <li >掌握水平菜单的制作</li >
        </ul >
        </div >
    </body >
    </html >
```

效果如图 7 -1 所示。

我们把 demo7 -1. html 中的样式进行如下修改，则效果如图 7 -2 所示。

```
.nav ul{list -style -type:circle;
    list -style -position:outside;
    }
```

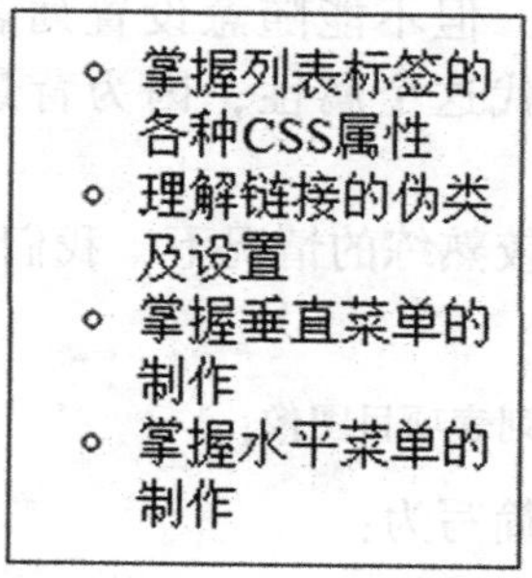

图 7 -1　inside 效果图

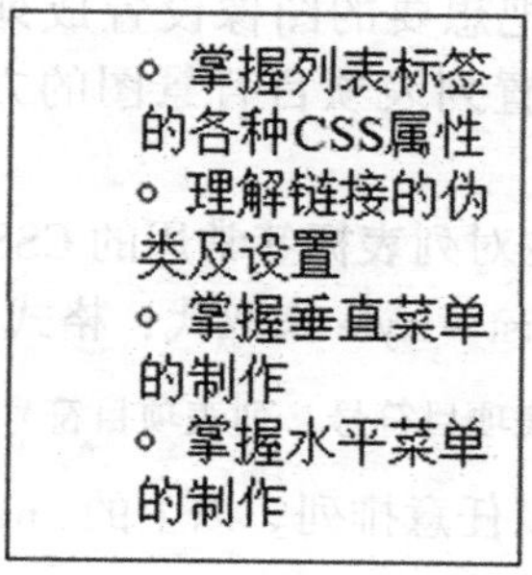

图 7 -2　outside 效果图

图 7 -1 和图 7 -2 的区别在于符号的位置和文本的对齐方式。

提示：我们注意到，浏览器对 ul 标签默认解析时有内外边距：上下的 margin 为 16px，padding-left 为 40px。

3）list-style-image：使用图像来替换列表项的符号。其取值为 url（图像 URL）。

demo7 - 2. html：

```
<!DOCTYPE HTML>
<html>
<head>
    <meta charset = "UTF-8">
    <title>列表属性练习</title>
    <style>
        .nav{width:160px;
            border:1px solid #006699;
        }
        .nav ul{
            list-style-type:none;/*先取消列表符号*/
            list-style-image:url(img/back.png);/*用图像替代列表符号*/
}
    </style>
</head>
<body>
    <div class = "nav">
    <ul>
        <li>掌握列表标签的各种 CSS 属性</li>
        <li>理解链接的伪类及设置</li>
        <li>掌握垂直菜单的制作</li>
        <li>掌握水平菜单的制作</li>
    </ul>
        </div>
</body>
</html>
```

图 7 - 3　list-style-images 效果

效果如图 7 - 3 所示。

这个属性可以把想要的图像设置成列表符号，但不能随意设置列表符号的位置。因此我们经常使用设置列表项目背景图的方式来取代这个属性，因为背景图可以精确地设置位置。

4）list-style：在对列表标签常用的 CSS 属性比较熟练的情况下，我们可以把以上 3 个属性用一个复合属性 list - style 来取代，格式如下：

list-style:列表项目符号　列表项目符号的位置　列表项目图像；

各项的顺序可以任意排列。以上的 .navul 可以简写为：

.nav ul{list-style:none outside url(img/back.png);}

7.2 垂直导航条的制作

了解了列表属性和链接伪类的知识，制作导航条就很容易了。导航条的制作，关键就是用列表来搭建导航栏的 HTML 文档结构，用 CSS 来实现导航交互性效果。使用这种方式制作出来的导航条结构清晰，修改方便，代码简洁。这种方式是现在制作导航的主流技术。接下来介绍垂直导航条的制作步骤如下。具体代码见本书配套资源中的源代码 demo7 - 3. html。

1）首先搭建 HTML 文档结构，用无序列表组织导航条的栏目，把无序列表放在一个 div 中，并加载类名 nav，代码如下：

```
<! DOCTYPE HTML >
<html >
<head >
    <meta charset = "UTF - 8 "
    <title >垂直导航条的制作 </title >
</head >
<body >
    <div class = "nav" >
        <ul >
        <li > <a href = "#" >服装鞋帽 </a > </li >
        <li > <a href = "#" >数码家电 </a > </li >
        <li > <a href = "#" >运动户外 </a > </li >
        <li > <a href = "#" >孕婴用品 </a > </li >
        <li > <a href = "#" >厨卫家居 </a > </li >
        </ul >
    </div >
</body >
    </html >
```

- 服装鞋帽
- 数码家电
- 运动户外
- 孕婴用品
- 厨卫家居

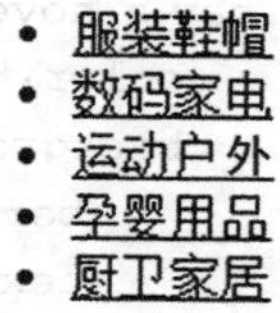

图7-4 搭建 HTML 文档结构后的效果图

效果如图7-4所示。

2）接下来编写样式，首先清除标记默认的样式，列表元素有内外边距，列表符号、超链接元素有下画线、字体颜色。代码如下：

```
ul,li{
    margin:0;
    padding:0;
    list - style:none;
}
a{color:#000;
    text - decoration:none;
    }
```

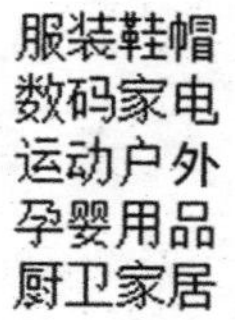

服装鞋帽
数码家电
运动户外
孕婴用品
厨卫家居

图7-5 清除默认样式效果图

清除了默认样式后，效果如图7-5所示。

3）对外围 div 进行设置，注意这里只设置 width 即可，不设置 height，让高度自适应。另外，还可以选择边框、背景、圆角等属性来进行美化。

```
.nav{
width:160px;
background:#E7E7E7;
border:1px solid #ccs;
}
```

4）对列表项 li 进行设置，这里设置了列表项的高度，水平、垂直对齐方式，下边框线和背景图。

```
.nav li{
    text-align:center;/* 元素水平居中 */
    height:40px;
    line-height:40px;
    /*设置列表的 height=line-height,可以实现元素的垂直居中排列 */
    border-bottom:1px dashed #900;
    background:url(nav/img/liebiao.gif) no-repeat 20px 12px;
    /*这里用背景图取代了项目符号,并且设置了背景图的位置 */
}
```

效果如图 7-6 所示。

5）对超级链接 a 的几种伪类进行设置。这里最重要的一点是把 a 的 display 转换成 block，扩大链接单击的影响区域，而不单是文本。

```
.nav a:link,.nav a:visited{
    display:block;/* 把 a 转换成块元素 */
}
.nav a:hover{
    color:#fff;
    background:#F60 url(img/liebiao.gif) no-repeat 20px 12px;
    border-left:10px solid #00F; /*设置左边框线为10px 的蓝色实线 */
    text-decoration:underline;
}
```

效果如图 7-7 所示。

图 7-6　垂直导航条普通效果图

图 7-7　垂直导航条 hover 效果图

垂直导航条制作的关键技术点：

1）HTML 文档结构正确；

2）外围 div 只设置 width；

3）列表元素垂直居中；

4）超级链接 a 转换为块元素。

7.3 水平导航条的制作

水平导航条的制作和垂直导航的制作相比：HTML 文档结构是相同的，只是 CSS 样式设置有区别。水平导航条的制作步骤如下。具体代码见本书配套资源中的 demo7 - 4. html。

1）用无序列表搭建 HTML 文档结构，代码如下：

```html
<!DOCTYPE HTML>
<html>
<head>
        <meta charset="UTF-8">
    <title>水平导航条的制作</title>
</head>
<body>
    <div class="nav">
    <ul>
    <li><a href="#">HTML/CSS</a></li>
    <li><a href="#">JavaScript</a></li>
    <li><a href="#">Server Side</a></li>
    <li><a href="#">ASP.NET</a></li>
    <li><a href="#">XML</a></li>
    <li><a href="#">Web Services</a></li>
    <li><a href="#">Web Building</a></li>
    </ul>
</div>
</body>
</html>
```

效果如图 7 - 8 所示。

- HTML/CSS
- JavaScript
- Server Side
- ASP.NET
- XML
- Web Services
- Web Building

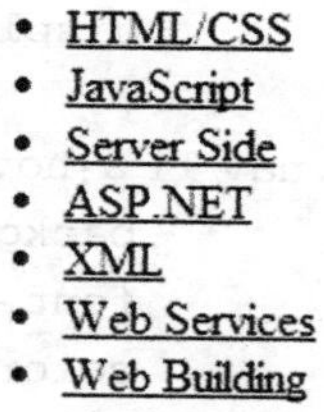

图 7 - 8　水平导航条的 HTML 文档结构效果图

2）清除标记默认的样式。

```css
ul,li{margin:0;
      padding:0;
      list-style:none;
    }
    a{color:#000;
      font-size:16px;
      font-family:"微软雅黑";
      text-decoration:none;
    }
```

3）对外围 div 进行设置。注意一定要设置属性 height，宽度 width 可以设置成百分比，也可以设置为固定宽度。另外，还可以选择边框、背景、圆角等属性来进行美化。

```
.nav{
    width:1200px;
    height:50px;
    margin:20px auto;/*导航条居中对齐*/
    background:#E7E7E3;
}
```

4）对列表项 li 进行设置。首先设置列表项浮动 float，让列表元素水平排列。然后设置列表元素的宽度 width，让元素水平及垂直居中对齐即可。代码如下：

```
.nav ul li{float:left;
    width:160px;
    text-align:center;
    line-height:50px;
    /*与外围 div 高度相同,这样可以让元素垂直居中对齐*/
    }
```

效果如图 7-9 所示。

图 7-9　水平导航条普通效果图

5）对超级链接 a 的几种伪类进行设置，这里最重要的一点是把 a 的 display 转换成 block。

```
.nav li a:link,.nav li a:visited{
    color:#777777;
    display:block;
    }
.nav li a:hover{
    background:#3F3F3F;
    font-weight:600;
    color:white;
    }
```

效果如图 7-10 所示。

图 7-10　水平导航条 hover 效果图

水平导航条制作的关键技术点：
1）HTML 文档结构正确；
2）外围 div 设置 height；
3）为列表元素设置浮动 float，水平、垂直方向都居中对齐；
4）超级链接 a 转换为块元素。

7.4　二级导航条的制作

在网上经常可以看到折叠的二级导航条，复杂的二级导航条大多数是通过 JavaScript 脚本来实现的。然而通过 CSS 属性的设置，也可以很方便地制作出简单的二级导航条。使用 CSS 属性制作二级导航条的步骤如下。具体代码见本书配套资源中的 demo7 - 5. html。

1）搭建 HTML 文档结构，这里采用列表嵌套的形式来实现，代码如下：

```
<! DOCTYPE HTML >
<html >
<head >
    <meta charset = "UTF - 8 " >
    <title >二级导航条 </title >
</head >
<body >
    <ul class = "nav" >
<li > <a href = "#" >首页 </a > </li >
    <li > <a href = "#" >教学部门 </a >
    <ul >
        <li > <a href = "#" >外语学院 </a > </li >
        <li > <a href = "#" >机电学院 </a > </li >
        <li > <a href = "#" >计算机信息学院 </a > </li >
        </ul >
    </li >
    <li > <a href = "#" >行政部门 </a >
    <ul >
        <li > <a href = "#" >学工处 </a > </li >
        <li > <a href = "#" >后勤处 </a > </li >
        <li > <a href = "#" >财务处 </a > </li >
    </ul >
    </li >
    <li > <a href = "#" >教务管理系统 </a > </li >
</ul >
</body >
    </html >
```

- 首页
- 教学部门
  - 外语学院
  - 机电学院
  - 计算机信息学院
- 行政部门
  - 学工处
  - 后勤处
  - 财务处
- 教务管理系统

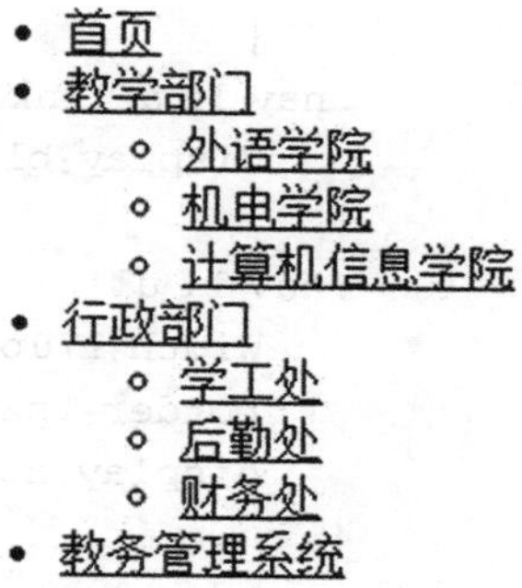

图 7 - 11　二级导航条 HTML 文档结构效果图

效果如图 7 - 11 所示。

2）清除标记默认的样式同上例。

3）对类 nav 进行设置，这里的设置方式同水平导航条相似。

4）对列表项 li 进行设置，这里的设置方式同水平导航条相似。

5）对超级链接 a 的几种伪类进行设置，这里的设置方式同水平导航条相似。

6）对二级导航条进行设置并隐藏，关键是把 display 属性设置成 none。

7）当鼠标指针经过时，显示二级导航条，这里用到了伪类 hover，选择器的写法如下：

```
.nav li:hover ul{
    display:block;
}
```

完整的 CSS 代码如下：

```
<style type = "text/css">
    ul,li{
        margin:0;
        padding:0;
        list - style:none;
    }
    a{
        color:#777;
        text - decoration:none;
        font - size:16px;
        font - family:arial;
    }
    .nav{
        width:700px;
        background:#E7E7E7;
        height:40px;
        margin:0 auto;
    }
    .nav li{
        float:left;
        width:170px;
        line - height:40px;
        text - align: center;
    }
    .nav li a:link,.nav li a:visited{
        display:block;
    }
    .nav li ul{
        width:170px;
        border:1px solid #CCC;
        display:none;/*设置二级导航条隐藏*/
    }
    .nav li ul li{
        float:none;/*取消列表的浮动*/
        border - bottom:1px dashed #ddd;/*添加下画线*/
    }
    .nav li:hover ul{
        display:block;/*当鼠标指针经过时二级导航条显示*/
    }
</style>
```

效果如图 7 - 12 所示。

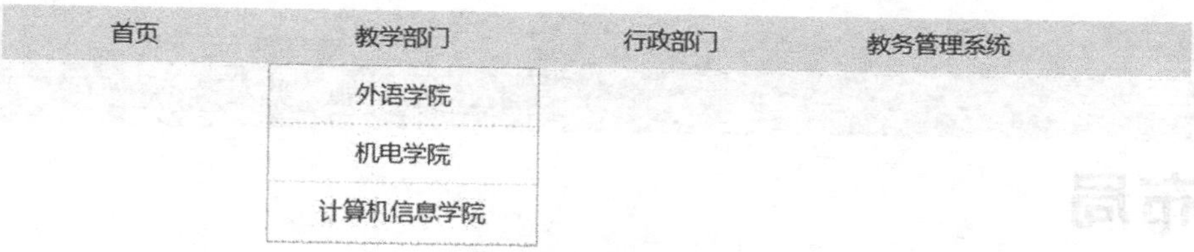

图 7 - 12　二级导航条效果图

本章小结

　　本章主要介绍了列表的 CSS 属性设置，并详细讲解了垂直导航条、水平导航条、二级导航条的制作过程、关键技术点、核心代码。通过本章的学习，读者应该能熟练制作出各种基础导航条。

【动手实践】

1. 仿照图 7 - 13 所示的今日头条导航条来制作导航条。

图 7 - 13　【动手实践】题 1 图

2. 仿照图 7 - 14 所示的途牛网站导航条来制作导航条。

图 7 - 14　【动手实践】题 2 图

【思考题】

1. hover 伪类是否可以用在任意的标签上？
2. 为什么要用列表标签来组织导航的 HTML 结构？
3. 在制作导航时，为什么常把 a 的 display 属性设置成 block？

第8章

网页布局

前面学习了使用 CSS 美化文字、图片，以及设置导航条等，那么如何让这些元素整齐、美观地排放在网页上呢？这就是网页布局要解决的问题。

学习目标

1. 理解网页布局的思想
2. 了解常见的网页布局形式
3. 掌握 HTML5 中新增的页面结构标记
4. 掌握实现各种布局的 HTML 文档和 CSS 样式

8.1 常见布局

8.1.1 网页布局原理

网页布局版面设计延续了传统纸媒布局的特点，传统纸媒采用"网格"的布局思想，把内容分布在一列或多列中，每一列的宽度大约为 16 个汉字。人们在阅读时，目光只聚焦于很窄的范围，这样的阅读效率很高。"网格"布局的优势在于：

1）使用基于网格的设计可以使大量的页面保持很好的一致性，这样无论是在一个页面中，还是在网站的多个页面之间，都可以具有统一的视觉风格。

2）均匀的网格以合理的比例将页面划分为一定数目的等宽列，这样能在设计中产生很好的均衡感。

3）使用网格可以帮助开发者把标题、导航、文字、图片等各种元素合理地分配到适当的区域，这样可以为内容繁多的页面创建出一种良好的秩序。

4）网格设计不但会使网页版面布局产生一致性，也可以通过跨列的方式创建出各种变化的形式，这样既保持了页面的一致性，又可以打破网格的呆板性。

网页在过去一般都采用表格进行布局，这种布局在设计的最初阶段就要确定页面的布局形式，而一旦确定下来，就无法再更改，给网站的维护和改版带来了极大的不便。现在的布局采用 div + CSS 的方式来实现，设计者首先考虑的不是如何分割网页，而是从网页内容的逻辑关系出发，区分出内容的层次，然后根据逻辑关系把网页内容使用 div 或其他适当的 HTML

标记组织好，再考虑网页形式如何与内容相适应。

　　div + CSS 布局的原理是，将页面从整体上用 < div > 标记进行分块，然后将各个块用 CSS 进行定位。

　　大多数的网站都采用一套通用的排版模式，分为页眉、页脚和内容区域。页眉、页脚的内容在每个页面都是一样的，只有中间的内容不同，这样既形成了网站整体风格的统一，又给用户的浏览带来了方便。

8.1.2　常见的布局形式

1. 单列布局

　　单列布局是最简单的一种形式，按标准文档流从上到下简单排列。单列布局如图 8 - 1 所示，单列布局网页效果如图 8 - 2 所示。

　　　　图 8 - 1　单列布局　　　　　　　　图 8 - 2　单列布局网页效果

2. 两列布局

　　两列布局就是对单列布局的主体部分进行拆分，分为左、右两部分，可以是左窄右宽，也可以是左宽右窄。这种布局常用在资讯量不大的网站。图 8 - 3 和图 8 - 4 所示为两列布局的两种格式。

 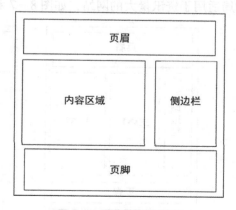

　　图 8 - 3　两列布局（1）　　　　图 8 - 4　两列布局（2）

两列布局的网页效果如图 8 - 5 和图 8 - 6 所示。

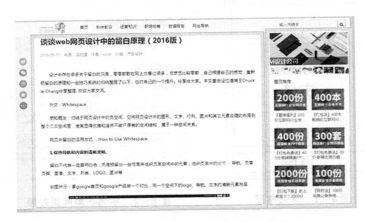

图 8-5 左窄右宽的两列布局网页效果

图 8-6 左宽右窄的两列布局网页效果

3. 三列布局

三列布局是对两列布局的内容区域再进行拆分，可以是均分的 3 列，也可以是不等宽的 3 列。这种布局适用于资讯量大的网站，如图 8-7 和图 8-8 所示。

图 8-7 三列布局（1）

图 8-8 三列布局（2）

三列布局网页效果如图8-9所示。

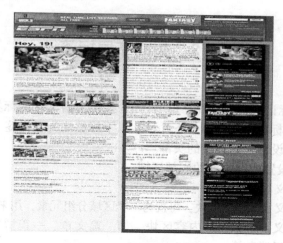

图8-9 三列布局网页效果

4. 混合布局

在网页布局中，复杂的页面不会单纯地使用两列或三列布局，而是使用混合布局，也就是说可以对两列、三列进行拆分，形成混合布局，这样可以让布局的形式更加灵活，使表现更加丰富。混合布局的形式多种多样，可以根据需要自由设计。图8-10~图8-12所示为几种混合布局的形式。

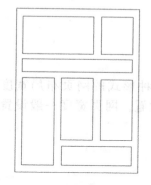

图8-10 混合布局（1）

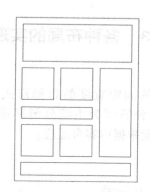

图8-11 混合布局（2）

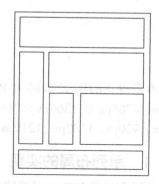

图8-12 混合布局（3）

混合布局网页效果如图8-13所示。

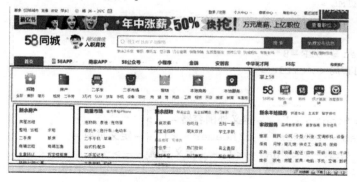

图8-13 "58同城"首页

8.2　页面布局标签

虽然可以用 div 来标记网页的布局，但 HTML5 提供了语义化的标签，更有利于搜索引擎的搜索。HTML5 提供的标签主要包括如下几种。以下标签均为双标签、块元素。

1）header：常用于设置一个页面的头部。

2）footer：常用于设置一个页面的底部区域。

3）nav：常用来定义导航栏。

4）section：用来定义文档中的区块，可视为一个区域分组元素，用来给页面上的内容分块。

5）article：用于定义一个独立的内容区块，如一篇文章、一篇博客、一个帖子、论坛的一段用户评论、一篇新闻消息等。

article 是一个特殊的 section 标签，它比 section 具有更明确的语义，代表一个独立的、完整的相关内容块。

6）aside：通常用来设置侧边栏，用于定义主体之外的内容，前提是这些内容与 article 标签内的内容相关。同时，aside 也可作为 article 内部标签使用，作为主要内容的附属信息，比如与主内容有关的参考资料、名词解释。

8.3　各种布局的实现

本章讲述的网页布局为 PC 端的固定宽度的布局形式，这种形式的网页布局宽度以 1024px×768px 或 1366px×768px 的分辨率为主流分辨率进行设置，网页宽度一般设置为 860px、920px、1180px、1210px，高度根据内容自适应。

8.3.1　单列布局的实现

单列布局的 HTML 文档结构的代码如下。

demo8－1.html：

```
<! DOCTYPE HTML >
<html >
<head >
<meta charset = "UTF－8" >
<title >单列布局 </title >
</head >
<body >
<div class = "con" > <! －－定义外围容器－－>
<header class = "header" > </header > <! －－定义页眉－－>
<nav class = "nav" > </nav > <! －－定义导航－－>
<section class = "section" > </section > <! －－定义主体－－>
```

```
<footer class="footer"></footer><!--定义页脚-->
</div>
</body>
</html>
```

对应的 CSS 样式文件为：

```
<style>
.con{
    width:860px;/*设置宽度*/
    margin:0auto;/*设置居中对齐*/
}
.header{
    height:100px;/*设置页眉高度*/
    background:#f00;
}
.nav{
    height:50px;
    background:#FF0;
}
.section{
    height:400px;
    background:#0f0;
}
.footer{
    height:100px;
    background:#00f;}
</style>
```

单列布局效果如图 8-14 所示。

图 8-14　单列布局效果图

> 提示：1. 用户使用的分辨率各有不同，为了实现网页的居中对齐，减少代码的书写，
> 　　　　在外围添加一个 div 标记，取类名为 con。
> 　　　2. 最好不直接在标记中写样式，可以取适当的类名，通过类设置样式。

8.3.2　两列布局的实现

对于两列布局的 HTML 文档结构，只是在 demo8-1. html 的基础上添加一个 aside 标签，定义侧边栏，代码如下。

demo8-2. html：

```
<!DOCTYPE html>
<html>
<head>
    <meta charset="UTF-8">
    <title>两列布局</title>
</head>
<body>
```

```
        <div class = "con">
        <header class = "header"> < /header> <! - -定义页眉- - >
        <nav class = "nav"> < /nav> <! - -定义导航- - >
        <aside class = "leftaside"> < /aside> <! - -定义侧左栏- - >
        <section class = "main"> < /section> <! - -定义主体- - >
        <footer class = "footer"> < /footer> <! - -定义页脚- - >
        </div>
    </body>
</html>
```

aside、section 都为块标签，可以把它们的 float 属性设置成 left 或 right，从而实现标签的水平排列。它的 CSS 样式文件为：

```
<style>
.con{
    width:880px;/*设置宽度*/
    margin:0 auto;/*设置居中对齐*/
}
.header{
    height:100px;/*设置页眉高度*/
    background:#f00;
}
.nav{
    height:50px;
    background:#FF0;
}
.leftaside{
    width:30% ;/*设置侧边栏的宽度*/
    float:left;/*设置浮动*/
    height:400px;
    background:#0AC;
}
.main{
    width:70% ;/*设置主体的宽度*/
    float:left;
    height:400px;
    background:#0f0;
}
.footer{
    clear:both;/*清除浮动的影响*/
    height:100px;
    background:#00f;
}
```

图 8 - 15　两列布局效果图

两列布局效果如图 8 - 15 所示。

 提示：1. aside 和 section 的 width + border + padding + margin 的宽度不能超过 100%。

　　　　　2. footer 要设置 clear 属性，清除以上元素浮动对它的影响。

　　　　　3. 把 leftaside 的 float 设置为 right，则成为图 8 - 4 所示的形式。

8.3.3 三列布局的实现

对于三列布局 HTML 文档结构，是在两列布局的基础上再加一个侧边栏，代码如下。
demo8 – 3. html：

```
<! DOCTYPE HTML >
<html >
<head >
        <meta charset = "UTF – 8 " >
        <title >三列布局 </title >
</head >
<body >
    <div class = "con" >
        <header class = "header" > </header > <! – –定义页眉 – – >
        <nav class = "nav" > </nav > <! – –定义导航 – – >
        <aside class = "leftaside" > </aside > <! – –定义左侧边栏 – – >
        <section class = "main" > </section > <! – –定义主体 – – >
        <aside class = "rightaside" > </aside > <! – –定义右侧边栏 – – >
        <footer class = "footer" > </footer > <! – –定义页脚 – – >
    </div >
</body >
</html >
```

它的 CSS 样式文件为：

```
<style >
.con{
    width:880px;/*设置宽度 * /
    margin:0 auto;/*设置居中对齐 * /
}
.header{
    height:100px;/*设置页眉高度 * /
    background:#f00;
}
.nav{
    height:50px;
    background:#FF0;
}
.leftaside{
    width:200px;/*设置左边侧边栏的宽度 * /
    float:left;/*设置浮动 * /
    height:400px;
    background:#0AC;
}
.main{
    width:580px;/*设置主体的宽度 * /
    float:left;
    height:400px;
```

```
    background:#0f0;
}
.rightaside{
    width:200px;/*设置右边侧边栏的宽度*/
    float:left;/*设置浮动*/
    height:400px;
    background:#0AC;
}
.footer{
    clear:both;/*清除浮动的影响*/
    height:100px;
    background:#00f;
}
</style>
```

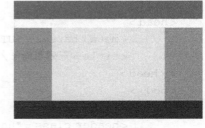

图 8-16　三列布局效果图

三列布局效果如图 8-16 所示。

8.3.4　混合布局的实现

混合布局是在两列或三列布局的基础上进行拆分，每一
块用一个 div 进行包含，设置类名。要水平排列，就设置 float 属性。同样要注意宽度不能超
过外围的容器，同时清除浮动的影响。混合布局有很多种形式，下面对一种情况进行讲述，
其他类推。

1）先分块，设置类名，如图 8-17 所示。

该混合布局是在两列的基础上进行拆分的，先把左
边拆分为三行，即 top、middle、bot。再把 top 拆分为
topright 和 topleft，把 bot 拆分为 botright 和 botleft。

2）搭建 HTML 文档结构，代码如下。

demo8-4. html：

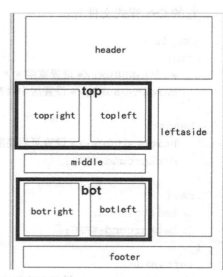

图 8-17　混合布局类的定义

```
<!DOCTYPE HTML>
<html>
<head>
<meta charset="UTF-8">
<title>混合布局</title>
<body>
<div class="con">
<header class="header"></header>
<nav class="nav"></nav>
<section class="main"><!--左边栏主体-->
<div class="top">
    <div class="topleft"></div>
    <div class="topright"></div><!--将top拆分为左、右两块-->
</div>
<div class="middle"></div>
<div class="bot">
    <div class="botleft"></div>
```

```
        <div class = "botright" > < /div > <! - -将 bot 拆分为左、右两块 - - >
    < /div >
    < /section >
    <aside class = "aside" > < /aside > <! - -右边侧栏 - - >
    <footer class = "footer" > < /footer >
    < /div >
    < /body >
    < /html >
```

3）设置 CSS 样式，代码如下：

```
<style >
.con{
    width:1180px; /* 混合布局的宽度可以宽些 * /
    margin:0auto;
    overflow::hidden;
}
.header{
    height:100px;
    background:#FC0;
}
.nav{
    height:40px;
    background:#F88;
    margin:10px auto;
}
.aside{
    width:18% ; /* 为了留白 * /
    height:800px;
    background:#FFCC33;
    float:left;
    margin - bottom:10px;
}
.main{
    float:right;
    width:80% ;
    height:800px;
}
.top{
    height:300px;
    }
.middle{
    height:180px;
    background:#E2D002;
    margin:10px auto;/* 为了上下留白 * /
    overflow:hidden;
}
.bot{
    height:300px;
```

```
    }
.topleft{
    width:48% ;/*为了左右留白 * /
    float:left;
    height:88% ;
    background:#0cc;
}
.topright{
    width:48% ;
    float:right;
    height:88% ;
    background:#0cc;
}
.botleft{
    width:48% ;
    float:left;
    height:88% ;
    background:#0cc;
}
.botright{
    width:48% ;

    float:right;
    height:88% ;
    background:#0cc;
}
.footer{
    clear:both;
    height:80px;
    background:#D86C01;
}
</style>
```

混合布局效果如图 8 - 18 所示。

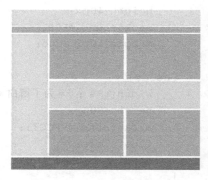

图 8 - 18　混合布局效果图

　提示：这里的左右 div 的宽度之和小于100%，上下外边距的设置，是为了留下适当的空白区域。在网页设计中，合理留白很重要。一是视觉审美的需要，二是在视觉审美与引导用户之间达成完美平衡。留白可以让文字清晰，创造具有可读性的环境。

8. 4　布局案例

前面介绍了布局的思想、各种布局的实现，接下来通过一个案例，分步骤讲解一个页面从搭建到布局实现的过程。具体代码见本书配套资源中的 demo8 - 5. html。其页面效果如图

8-19所示。

图 8-19 布局案例效果图

该页面分为页眉、主体、页脚 3 部分。主体是两列的布局形式，页眉的图像、主体右列的图像都是通过背景图来实现的。在制作页面之前，先把文本和图片准备好。图 8-20 所示是准备好的文本资料，它存在一个文字资料.txt 文档中。

```
茶的种类
绿茶
红茶
乌龙茶
黑茶
白茶
黄茶

泉水种类
天泉
雪水
露水
地泉

名茶特点
名茶就是浩如烟海诸多花色品种茶叶中的珍品。同时，中国名茶在国际上享有很高的声誉。名茶，有传统名茶和历史名茶之分
尽管人们对名茶的概念尚不十分统一，但综合各方面情况，茶必须具有以下几个方面的基本特点：其一，名茶之所以有名，关
键在于有独特的风格，主要表现在茶叶的色、香、味、形四个方面。杭州的西湖龙井茶向以"色绿、香郁、味醇、形美"四绝著
称于世，也有一些名茶往往以其一二个特色而闻名。

名茶排名
中国茶叶历史悠久，而名茶就是诸多花色品种茶叶中的珍品。名茶，有传统名茶和历史名茶之分，所以中国的"十大名茶"在过
去也有多种说法：最早的是1915年"巴拿马万国博览会"对中国名茶评比结果：西湖龙井、碧螺春、信阳毛尖、君山银针、黄
山毛峰、武夷岩茶、祁门红茶、都匀毛尖、铁观音、六安瓜片。
```

图 8-20 文字资料图

准备的图片资料如图 8－21 所示。

7.jpg　　73.gif　　footer.jpg　　logo.jpg　　nav2.jpg　　tub.gif　　tub2.gif

图 8－21　图片资料图

8.4.1　搭建 HTML 文档结构

用合适的 HTML 标签来标记文档内容，页眉部分用 header，导航用 nav，主体部分用 section，侧边栏用 aside，页脚部分用 footer，文章标题用 h1，列表用 ul、li，列表标题用 h2，段落用 p，所有链接设置成空链接。代码如下：

```
<! DOCTYPE HTML >
<html >
    <head >
        <meta charset = "UTF -8" >
        <title >中国十种名茶</title >
    </head >
    <body >
<! - -页眉部分 - - >
<header > <h1 >中国十种名茶</h1 > </header >
<! - -导航部分- - >
<nav >
<ul >
<li > <a href = "#" >黄山毛峰</a > </li >
<li > <a href = "#" >六安瓜片</a > </li >
<li > <a href = "#" >西湖龙井</a > </li >
<li > <a href = "#" >祁门红茶</a > </li >
<li > <a href = "#" >洞庭碧螺春</a > </li >
<li > <a href = "#" >君山银针</a > </li >
<li > <a href = "#" >信阳毛尖</a > </li >
<li > <a href = "#" >武夷岩茶</a > </li >
<li > <a href = "#" >安溪铁观音</a > </li >
<li > <a href = "#" >太平猴魁</a > </li >
</ul >
</nav >
<! - -侧边栏- - >
<aside >
<h2 > <img src = "images/tub.gif" alt = "" / >茶的种类</h2 >
<ul >
<li > <a href = "#" >绿茶</a > </li >
<li > <a href = "#" >红茶</a > </li >
<li > <a href = "#" >乌龙茶</a > </li >
<li > <a href = "#" >黑茶</a > </li >
<li > <a href = "#" >白茶</a > </li >
```

```
<li><a href="#">黄茶</a></li>
</ul>
<h2><img src="images/tub2.gif" alt="" />泉水种类</h2>
<ul><li><a href="#">天泉</a></li>
<li><a href="#">雪水</a></li>
<li><a href="#">露水</a></li>
<li><a href="#">地泉</a></li>
</ul>
</aside>
<!--主体部分-->
<section>
<h2>名茶特点</h2>
<p>名茶就是浩如烟海的诸多花色品种茶叶中的珍品。同时,中国名茶在国际上享有很高的声誉。名
茶,有传统名茶和历史名茶之分。尽管人们对名茶的概念尚不十分统一,但综合各方面情况,茶必须具有以
下几个方面的基本特点:其一,名茶之所以有名,关键在于有独特的风格,主要表现在茶叶的色、香、味、形四
个方面。杭州的西湖龙井茶向以"色绿、香郁、味醇、形美"四绝著称于世,也有一些名茶往往以其一二个特
色而闻名。</p>
<h2>名茶排名</h2>
<p>中国茶叶历史悠久,而名茶就是诸多花色品种茶叶中的珍品。名茶,有传统名茶和历史名茶之分,
所以中国的"十大名茶"在过去也有多种说法:最早的是1915年"巴拿马万国博览会"对中国名茶的评比结
果:西湖龙井、碧螺春、信阳毛尖、君山银针、黄山毛峰、武夷岩茶、祁门红茶、都匀毛尖、铁观音、六安瓜片。
</p>
<h2>中国茶文化</h2>
<p>茶文化意为饮茶活动过程中形成的文化特征,包括茶道、茶德、茶精神、茶联、茶书、茶具、茶画、茶
学、茶故事、茶艺等。茶文化起源地为中国。中国是茶的故乡,汉族人饮茶,据说始于神农时代,少说也有
4700多年了。直到现在,中国汉族同胞还有民以茶代礼的风俗。汉族对茶的配制是多种多样的:有太湖的
熏豆茶、苏州的香味茶、湖南的姜盐茶、成都的盖碗茶、台湾的冻顶茶、杭州的龙井茶、福建的乌龙茶
等。</p>
<h2>茶与文化</h2>
<p>中国人饮茶,注重一个"品"字。"品茶"不但是鉴别茶的优劣,也带有神思遐想和领略饮茶情趣之
意。在百忙之中泡上一壶浓茶,择雅静之处,自斟自饮,可以消除疲劳、振奋精神,也可以细啜慢饮,达到美的
享受,使精神世界升华到高尚的艺术境界。品茶的环境一般由建筑物、园林、摆设、茶具等因素组成。饮茶要
求安静、清新、舒适、干净。中国园林世界闻名,山水风景更是不可胜数。在园林或自然山水间,用木头做亭
子、凳子,搭设茶室,给人一种诗情画意之感,供人们小憩,不由意趣益然。</p>
</section>
<!--页脚部分-->
<footer>
<p>版权所有:新余学院数学与计算机学院 联系方式:新余市渝水区阳光大道2666号</p>
</footer>
</body>
</html>
```

效果如图 8-22 所示，这是一种标准文档流的表现形式，是最稳定的一种结构。

8.4.2　添加主要的类名

本小节根据内容、位置用 div 对文档进行划分，并定义适当的类名。类名可以根据内容、位置来定义，最好是见名知意。整体内容用一个 div 包含，类取名为 container。一个页面可以

有多个 header、nav，所以不要使用标记选择器，而是给它们添加相应的类名。左侧划分成两块，有相同的效果，定义一个类名 asidediv，右侧划分为 4 块，用 4 个 div，效果相同，定义一个类 rightdiv，如图 8 - 23 所示。

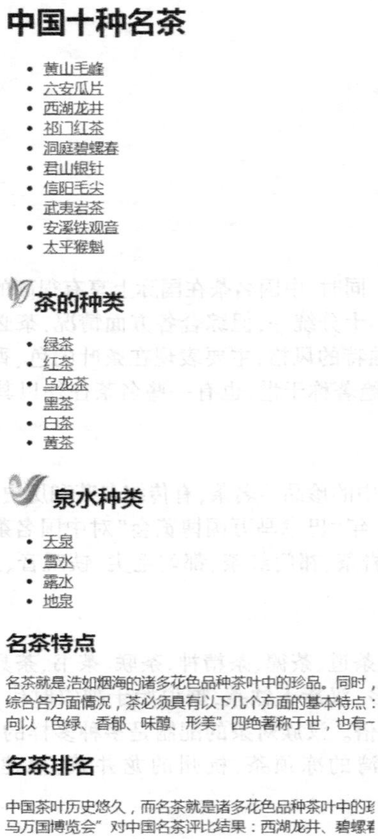

图 8 - 22　HTML 文档结构效果图

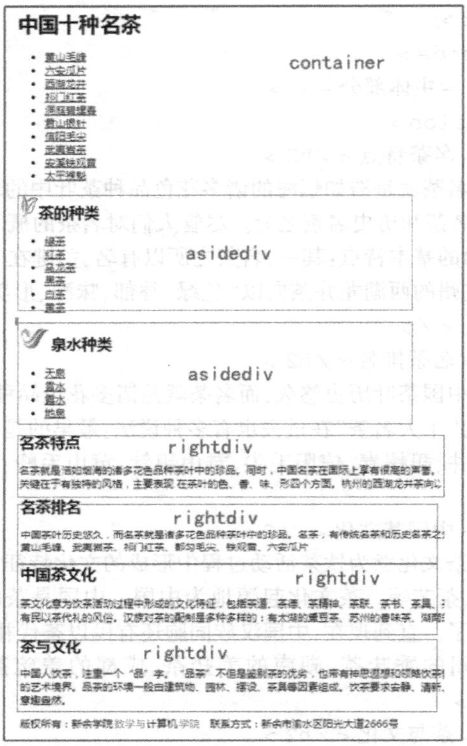

图 8 - 23　使用 div 划分文档

添加了类的文档代码如下：

```
<! DOCTYPE HTML >
<html >
    <head >
        <meta charset = "UTF - 8" >
        <title >中国十种名茶 </title >
        <link href = "demo8 -5.css" rel = "stylesheet" type = "text/css" >
    </head >
    <body >
<div class = "container" > <! - - 该 div 为包含容器,用于实现页面的居中对齐     - - >
<! - -页眉部分 - - >
<header class = "header" > <h1 >中国十种名茶 </h1 > </header >
<! - -给 header 添加"header"类名       - - >
<! - -导航部分 - - >
<nav class = "nav" >
<ul >
```

```
< li > < a href = "#" >黄山毛峰 < / a > < / li >
< li > < a href = "#" >六安瓜片 < / a > < / li >
< li > < a href = "#" >西湖龙井 < / a > < / li >
< li > < a href = "#" >祁门红茶 < / a > < / li >
< li > < a href = "#" >洞庭碧螺春 < / a > < / li >
< li > < a href = "#" >君山银针 < / a > < / li >
< li > < a href = "#" >信阳毛尖 < / a > < / li >
< li > < a href = "#" >武夷岩茶 < / a > < / li >
< li > < a href = "#" >安溪铁观音 < / a > < / li >
< li > < a href = "#" >太平猴魁 < / a > < / li >
< /ul >
< /nav >
<! - -侧边栏 - - >
< aside class = "aside" >
< div class = "asidediv" > <! - -左侧的两个div效果相同,采用同一个类名 - - >
< h2 > < img src = "images/tub.gif" alt = "" / >茶的种类 < /h2 >
< ul >
< li > < a href = "#" >绿茶 < / a > < / li >
< li > < a href = "#" >红茶 < / a > < / li >
< li > < a href = "#" >乌龙茶 < / a > < / li >
< li > < a href = "#" >黑茶 < / a > < / li >
< li > < a href = "#" >白茶 < / a > < / li >
< li > < a href = "#" >黄茶 < / a > < / li >
< /ul >
< /div >
< div class = "asidediv" >
< h2 > < img src = "images/tub2.gif" alt = "" / >泉水种类 < /h2 >
< ul > < li > < a href = "#" >天泉 < / a > < / li >
< li > < a href = "#" >雪水 < / a > < / li >
< li > < a href = "#" >露水 < / a > < / li >
< li > < a href = "#" >地泉 < / a > < / li >
< /ul >
< /div >
< /aside >
<! - -主体部分 - - >
< section class = "section" >
    < div class = "rightdiiv" >
< h2 >名茶特点 < /h2 >
```

<p >名茶就是浩如烟海的诸多花色品种茶叶中的珍品。同时,中国名茶在国际上享有很高的声誉。名茶,有传统名茶和历史名茶之分。尽管人们对名茶的概念尚不十分统一,但综合各方面情况,茶必须具有以下几个方面的基本特点:其一,名茶之所以有名,关键在于有独特的风格,主要表现在茶叶的色、香、味、形四个方面。杭州的西湖龙井茶向以"色绿、香郁、味醇、形美"四绝著称于世,也有一些名茶往往以其一二个特色而闻名。 < /p >

```
< /div >
< div class = "rightdiiv" >
< h2 >名茶排名 < /h2 >
```

<p >中国茶叶历史悠久,而名茶就是诸多花色品种茶叶中的珍品。名茶,有传统名茶和历史名茶之分,所以中国的"十大名茶"在过去也有多种说法:最早的是1915年"巴拿马万国博览会"对中国名茶的评比结

果:西湖龙井、碧螺春、信阳毛尖、君山银针、黄山毛峰、武夷岩茶、祁门红茶、都匀毛尖、铁观音、六安瓜片。</p>

```
</div>
<div class = "rightdiiv" > <h2 >中国茶文化</h2 >
<p >茶文化意为饮茶活动过程中形成的文化特征,包括茶道、茶德、茶精神、茶联、茶书、茶具、茶画、茶学、茶故事、茶艺等。茶文化起源地为中国。中国是茶的故乡,汉族人饮茶,据说始于神农时代,少说也有4700 多年了。直到现在,中国汉族同胞还有民以茶代礼的风俗。汉族对茶的配制是多种多样的:有太湖的熏豆茶、苏州的香味茶、湖南的姜盐茶、成都的盖碗茶、台湾的冻顶茶、杭州的龙井茶、福建的乌龙茶等。</p>
</div>
<div class = "rightdiiv" >
<h2 >茶与文化</h2 >
<p >中国人饮茶,注重一个"品"字。"品茶"不但是鉴别茶的优劣,也带有神思遐想和领略饮茶情趣之意。在百忙之中泡上一壶浓茶,择雅静之处,自斟自饮,可以消除疲劳、振奋精神,也可以细啜慢饮,达到美的享受,使精神世界升华到高尚的艺术境界。品茶的环境一般由建筑物、园林、摆设、茶具等因素组成。饮茶要求安静、清新、舒适、干净。中国园林世界闻名,山水风景更是不可胜数。在园林或自然山水间,用木头做亭子、凳子,搭设茶室,给人一种诗情画意之感,供人们小憩,不由意趣盎然。</p>
</div>
</section >
<! - -页脚部分- - >
<footer class = "footer" >
<p >版权所有:新余学院数学与计算机学院 联系方式:新余市渝水区阳光大道2666 号</p >
</footer >
</div >
</body >
</html >
```

添加类名后，浏览器的显示效果不变。

8.4.3　公共样式的设置

本小节进行样式文件的设置，定义一个样式文件 demo8 – 5. css，链接到 HTML 文档。代码如下:

```
<link href = "demo8 –5.css" rel = "stylesheet" type = "text/css" >
```

这样就把两个文件关联起来。在 demo8 – 5. css 中，书写样式按照"从上到下、从外到内"的原则进行。先定义公共样式，在公共样式中去除元素默认样式，即去除元素的内外边距，再把导航中列表前面的项目符号去掉，并把链接的下画线去掉，同时将最外围的. container 类的样式放入公共样式。公共样式设置好之后，整个页面是居中对齐的。

```
/*公共样式的设置*/
body,h1,h2,p,ul,li,a{
    margin:0px;
    padding:0px;
}/*把所用到的元素内外边距都清除*/
body{
    font-family:arial;
    font-size:100%;
```

```
}
ul,li{
    list-style:none;
}/*将列表的项目符号清除*/
a{
    text-decoration:none;
    color:#000;
}/*清除 a 默认样式*/
.container{
    width:1000px;
    margin:0 auto;
}/*设定外围容器居中对齐*/
```

8.4.4 页眉样式的设置

这里的页眉使用一张背景图，预先处理好背景图，大小为 1000px×250px，h1 采用文本阴影的效果。设置页眉的高度等于背景图的高度，宽度自适应，要对导航中的 li 设置浮动和居中对齐，li 的 line-height 等于 nav 的 height，设置 a 为块显示，设置 hover 的伪类效果。

代码如下：

```
/*页眉的样式*/
.header{
    background:url(images/7.jpg);
    height:250px;
}
.header  h1{
    font-family:"微软雅黑";
    padding:40px 0 10px;
    color:#00aa00;
    text-shadow:2px 3px 3px #ccc,3px 4px 5px #aaa;
}
```

导航条的设置和前面学习的导航条制作技术相同，代码如下：

```
.nav{
    height:40px;
    background:url(images/nav2.jpg);
}
.nav ul li{
    float:left;
    width:100px;/*一共 10 个栏目,每个栏目为 100px*/
    text-align: center;
    line-height:40px;/*等于 nav 的高度*/
}
.nav ul li a{
    display:block;/*改变 a 的显示方式,增大单击的影响区域*/
    font-size:1.2em;
```

```
    color:#F27602;
}
.nav ul li a:hover{
    color:#FFFFFF;
    background:#0a0;/*链接的 hover 效果 */
    }
```

效果如图 8-24 所示。

图 8-24　页眉及导航条效果图

8.4.5　主体样式的设置

1. 先实现两列的布局

左边的宽度设为 280px，右边的宽度设为 710px，留白 10px。代码如下：

```
.aside{
    width:280px;
    float:left;
}
.section{
    width:710px;
    float:right;
    }
```

浮动会对兄弟元素造成影响，因此先设置页脚样式，页脚最主要的是要弄清除浮动，然后设置字体大小、背景色、行高等，代码如下：

```
/* 页脚样式 */
.footer{
    clear:both;
    background:#338806;
    height:60px;
    padding - top:20px;
    text - align: center;
    color:#E3E3E3;
    font - family:arial;
    font - size:1rem;
    }
```

这时的效果如图 8-25 所示。

图 8 - 25　布局效果图

2. 对左侧设置样式

先将左侧边框设置为圆角，再定义 h2、ul、li，li 设置了 border-bottom 为虚线，结果最下面一行的虚线是多余的，采用伪类选择器 ".aside ul li:last-child" 把最后一个元素的下边框线取消，代码如下：

```
.aside div{
    width:85% ;
    border:1px solid #008000;
    margin:20px auto;/*边框外边距,边框居中 */
    border - radius:10px;/*边框圆角 */
}
.aside div h2{
font - size:1.3em;
text - align: center;
color:#00aa00;
margin:5px000;/*h2 的上边距为 5px */
}
.aside div ul{
    padding:10px; /*ul 的内边距,为了留白 */
}
.aside div ul li{
    line - height:30px;
    border - bottom:1px dashed #008800;
    text - align: center;
}
.aside li a{
    display:block;
    color:#333;
```

```
    }
.aside li a:hover{
    background:#0a0;
    color:#fff;
}
.aside ul li:last-child{
    border-bottom:none;/*清除最后一个li的下边框
线*/
    }
```

左侧效果如图 8 - 26 所示。

3. 设置右侧主体样式

先设置右边 div 的宽度、浮动等样式，再为标题 h2 设置字体大小、居中对齐、行高，给 h2 添加背景图，设置背景图位置为右下，代码如下：

图 8 - 26　左侧效果图

```
.section div{
    margin:10px;/*上下div的外边距,留白*/
}
.section div h2{
    background:url(images/73.gif) no-repeatbottomright;/*设置背景图,美化标题
h2*/
    text-align:center;
    font-size:1.2em;
    color:#008800;
    line-height:30px;
}
.section div p{
    line-height:150%;
    text-indent:2em;
    }
```

至此，完成了 CSS 样式部分。

现在我们把这个过程梳理一遍：首先要正确搭建 HTML 文档结构，然后对 HTML 文档结构分块处理，添加 div，接着给 div 添加类名，开始写样式，最后进行交互的细节设计。写样式的时候遵循先写公共样式，再写页眉、主体、页脚的样式。在写代码时最好加上一些注释，这样方便阅读及理解。

本章小结

本章介绍了网页布局，首先介绍了网页版面设计来源于传统纸张媒体的"网格"布局思想，然后介绍了几种常见的网页布局形式和它们实现的方法，最后通过一个案例讲解了从 HTML 文档结构的搭建到用 div + CSS 实现布局的全过程。

【动手实践】

仿照图 8 - 27 所示的新浪专栏页面制作网页。

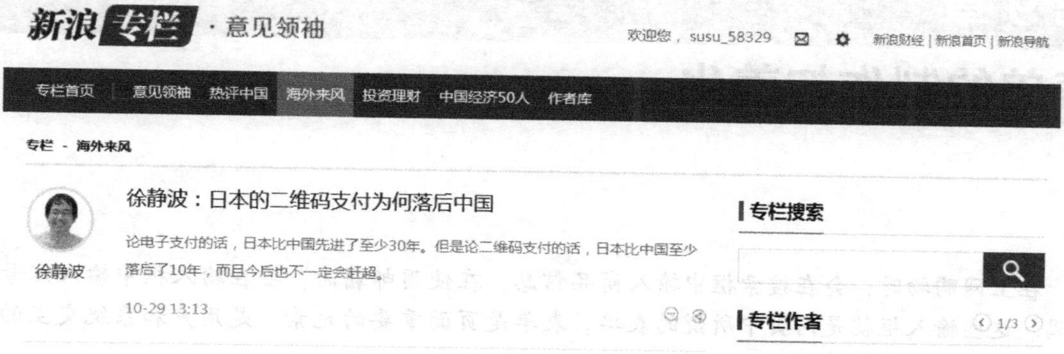

图 8 - 27　【动手实践】题图

【思考题】

1. 常见的网页布局有哪几种形式？实现网页布局的 HTML5 标签有哪些？
2. 写出你常用的公共样式文件，保存为 public.ccs，方便日后使用。

第9章

表单的制作与美化

在上网购物时，会在搜索框中输入商品信息，在使用邮箱时，要在输入框中输入账号和密码。这些输入框就是网页中所说的表单。表单是页面重要的元素，是用户和系统交互的桥梁。本章将介绍表单的知识。

学习目标

1. 认识表单的结构、作用
2. 掌握创建表单的方法，了解表单常用的属性
3. 理解各种表单控件，能准确使用不同的表单控件
4. 掌握如何用样式美化表单

9.1 认识表单

"表单"在互联网中随处可见，如注册页面、用户登录页面、搜索框等都是表单。简单地说，"表单"是网页上用于输入信息的区域，它的主要功能是收集用户信息，并将这些信息传递给后台服务器，实现网页与用户的沟通。

9.1.1 表单的构成

在 HTML 中，一个完整的表单通常由表单控件、提示信息和表单域 3 个部分构成。图 9-1 所示即为一个简单的 HTML 表单界面及其构成。

1）表单控件：包含了具体的表单功能项，如单行文本输入框、密码输入框、复选框、提交按钮、重置按钮等。

2）提示信息：表单控件前面通常还需要包含一些说明性的文字，提示用户进行填写和操作。

3）表单域：它相当于一个容器，用来容纳所有的表单控件和提示信息，通过它可以收集控件中的

图 9-1　表单构成

数据、定义提交数据的方法和处理数据的后台程序。

9.1.2 创建表单

在 HTML 中，< form > </form > 标记被用于定义表单域，即创建一个表单，以实现用户信息的收集和传递。< form > </form > 中的所有内容都会被提交给服务器。创建表单的基本语法格式如下：

```
< form action = "URL 地址"    method = "提交方式"    name = "表单名称"    autocomplete
novalidate >
各种表单控件
</form >
```

1) action 属性：在表单收集到信息后，需要将信息传递给服务器进行处理，action 属性用于指定接收并处理表单数据的服务器程序的 URL 地址。

例如，< form action = "login. php" >表示表单数据收集后提交给 login. php 这个程序进行处理。

如果省略 action 属性，action 会被设置为当前页面。在 JavaScript 中通常使用提交按钮来提交表单数据。

2) method 属性用于设置表单数据的提交方式，其取值为 get 或 post。

其中，get 为默认值，使用这种方式提交的数据将显示在浏览器的地址栏中，保密性差，浏览器对容量有限制。

demo9 - 1. html：

```
<! DOCTYPE HTML >
  < html >
    < head >
      < meta charset = "UTF - 8 " >
      < title > </title >
    </head >
    < body >
      < form action = "" method = "get" id = "serach" name = "serach" >
        搜索 < input type = "text"  id = "user" name = "user" />
         < input type = "submit"  value = "搜索"/>
      </form >
    </body >
      </html >
```

在输入框中输入"新余学院"，浏览器的地址栏显示为"/demo9 - 1. html？user = 新余学院"

post 方式的保密性好，并且无数据量的限制，使用 method = "post" 可以大量地提交数据。

3) name 属性用于指定表单的名称，以区分同一个页面中的多个表单。

提示：< form > 标记的只是创建表单。要想让一个表单有意义，就必须在 < form > 与 </form > 之间添加相应的表单控件。

4）autocomplete 属性用于指定表单是否有自动完成功能。所谓自动完成，是指浏览器将通过表单控件输入的内容记录下来，当再次输入时，会将输入记录显示在一个下拉列表里，可通过选择完成输入。该属性有两个取值。

　　on：表单启用自动完成的功能。

　　off：表单关闭自动完成的功能。

 提示：autocomplete 属性的默认取值为 on，但在某些浏览器中，可能需要用户手动启用自动完成功能。

用户应该在表单中明确给定该属性的值。该属性也适用于所有的 input 类控件。例如，在 demo9 - 1. html 的 < form > 标记中添加 autocomplete 属性：

```
< form action = "" method = "get" id = "serach" name = "serach" autocomplete = "on" >
```

在输入框获取焦点后，浏览器的运行结果如图 9 - 2 所示。

5）novalidate 属性：指定在提交表单时取消对表单进行有效的检查，即关闭对表单的验证，可用于调试程序。

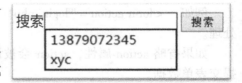

图 9 - 2　autocomplete 属性的自动完成功能

9.2　input 控件及属性

在 HTML 的表单控件中，input 是最主要的表单控件，它有十几种类型，代表了不同类型的输入型数据。它的基本语法格式为 < input type = "类型" / >，type 是必选项，给出了控件的类型，还可以跟多个其他的属性，这些属性都是可选项。input 控件属性见表 9 - 1。

表 9 - 1　input 控件属性

属性	属性值	描述
type	text	单行文本输入框
	password	密码输入框
	radio	单选按钮
	checkbox	复选框
	button	普通按钮
	submit	提交按钮
	reset	重置按钮
	image	图像形式的提交按钮
	hidden	隐藏域
	file	文件域
	email	E - mail 地址的输入域

（续）

属性	属性值	描述
type	url	URL 地址的输入域
	number	数值的输入域
	range	一定范围内数字值的输入域
	date pickers（date, month, week, time, datetime, datetime - local）	日期和时间的输入类型
	search	搜索域
	color	颜色输入类型
	tel	电话号码输入类型
name	自定义	控件的名称
value	自定义	控件的默认值
size	正整数	控件在页面中的显示宽度
readonly	readonly	该控件内容只读
disabled	disabled	禁用该控件（显示为灰色)
checked	checked	定义该控件默认被选中
maxlength	正整数	控件允许输入的最多字符数
autocomplete	on/off	开启/关闭自动完成功能
autofocus	autofocus	页面加载时是否自动获取焦点
multiple	multiple	指定输入框是否可以选择多个值
id	自定义	表单控件的 id 号，在表单中唯一
min、max 和 step	数值	规定输入框的最小值、最大值和步长值
pattern	字符串	定义正则表达式，验证内容是否与正则表达式匹配
placeholder	字符串	为 input 类型的输入框提供一种提示信息
required	required	规定输入框的内容不能为空

 提示：input 控件是 inline-block 元素。一行排列，可以设置 width、height。

9.2.1 type 属性

1. 单行文本输入框 < input type = "text" / >

单行文本输入框常用来输入简短的信息，如用户名、账号、证件号码等。常用的属性有 name、value、maxlength、id 等。

2. 密码输入框 < input type = "password" / >

密码输入框用来输入密码，其内容将以圆点的形式显示。常用的属性有 name、id 等。

3. 单选按钮 < input type = "radio" / >

单选按钮用于单项选择，如性别、婚否等。在定义单选按钮时，必须为同一组中的选项指定相同的 name 值，这样"单选"才会生效。用户还可以对单选按钮应用 checked 属性，指定默认选中项。

4. 复选框 < input type = "checkbox" / >

复选框常用于多项选择，如选择兴趣、爱好等，可对其应用 checked 属性，指定默认选中项。

5. 普通按钮 < input type = "button" / >

普通按钮常常配合 JavaScript 脚本语言使用，初学者了解即可。

6. 提交按钮 < input type = "submit" / >

提交按钮是表单中的核心控件，用户完成信息的输入后，一般都需要单击提交按钮才能完成表单数据的提交。用户可以对其应用 value 属性，改变提交按钮上的默认文本。

7. 重置按钮 < input type = "reset" / >

当用户输入的信息有误时，可单击重置按钮取消已输入的所有表单信息。用户可以对其应用 value 属性，改变重置按钮上的默认文本。

8. 图像按钮 < input type = "image" / >

图像按钮的功能与提交按钮的功能相同，只是用图像替代了提交按钮的外观，外观上更加美观。需要注意的是，必须为其定义 src 属性来指定图像的 URL 地址。

9. 隐藏域 < input type = "hidden" / >

隐藏域对于用户是不可见的，通常用于后台的程序，初学者了解即可。

10. 文件域 < input type = "file" / >

当定义文件域时，页面中将出现一个文本框和一个"浏览"按钮，用户可以通过填写文件路径或直接选择文件的方式，将文件提交给后台服务器。

demo9 - 2. html：

```
<! DOCTYPE HTML >
<html >
<head lang = "en" >
<meta charset = "UTF -8" >
<title >input 基本类型 </title >
</head >
<body >
<form action = "#" method = "post" >
<! - -text 单行文本输入框,默认值张三,最多可以输入20 个字符,id 为name - - >
用户名：<input type = "text" id = "name" value = "张三" maxlength = "20" > <br/>
<! - -password 密码输入框,最多可输入20 个字符,id 为psd - - >
密码：<input type = "password" id = "psd" size = "20" > <br/>
<! - -radio 单选按钮,name 的取值必须相同,默认被选中的是男 - - >
性别：<input type = "radio" id = "man" name = "sex" checked = "checked"/>男
<input type = "radio" id = "woman" name = "sex"/>女 <br/>
<! - -checkbox 复选框 - - >
兴趣：<input type = "checkbox" />唱歌
```

```
< input type = "checkbox" />跳舞
< input type = "checkbox" />游泳 < br/>
<! - -file 文件域 - - >
上传头像:< input type = "file" /> < br/>
<! - -button 普通按钮 - - >
< input type = "button" value = "普通按钮"/>
<! - -submit 提交按钮 - - >
< input type = "submit" value = "提交"/>
<! - -reset 重置按钮 - - >
< input type = "reset"  value = "重置"/>
<! - -image 图像按钮 - - >
< input type = "image" src = "images/but.jpg" />
< /form >
< /body >
< /html >
```

效果如图 9 - 3 所示。

在图 9 - 3 中,密码输入框以圆点显示,复选框可以选择多个选项。图像按钮用图像取代了按钮的形式。

在 CSS3 中,又为 type 新增了 8 种类型,增加了 input 控件的功能。以下是新增的 type 类型。

图 9 - 3　基本表单控件效果

11. email 类型 < input type = "email" / >

email 类型的 input 元素是一种专门用于输入 E-mail 地址的文本输入框,用来验证 email 输入框的内容是否符合 E-mail 邮件地址格式。如果不符合,将提示相应的错误信息。

12. url 类型 < input type = "url" / >

url 类型的 input 元素是一种用于输入 URL 地址的文本框。如果所输入的内容是 URL 地址格式的文本,则会提交数据到服务器;如果输入的值不符合 URL 地址格式,则不允许提交,并且会有提示信息。

13. tel 类型 < input type = "tel" / >

tel 类型用于提供输入电话号码的文本框。由于电话号码的格式千差万别,很难实现一个通用的格式,因此,tel 类型通常会和 pattern 属性配合使用。

14. search 类型 < input type = "search" / >

search 类型是一种专门用于输入搜索关键词的文本框,它能自动记录一些字符,如站点搜索或者 Google 搜索。在用户输入内容后,其右侧会附带一个删除图标,单击这个图标可以快速清除内容。

15. color 类型 < input type = "color" / >

color 类型用于提供设置颜色的文本框,实现一个 RGB 颜色输入。其基本形式是# RRGGBB,默认值为#000000,通过 value 属性值可以更改默认颜色。单击 color 类型文本框,可以快速打开拾色器，方便用户可视化选取颜色。

16. number 类型 < input type = "number" / >

number 类型的 input 元素用于提供输入数值的文本框。在提交表单时，会自动检查该输入框中的内容是否为数字。如果输入的内容不是数字或者数字不在限定范围内，则会出现错误提示。

number 类型的输入框可以对输入的数字进行限制，规定允许的最大值、最小值、合法的数字间隔或默认值等。具体属性说明如下。

value：指定输入框的默认值。

max：指定输入框可以接收的最大的输入值。

min：指定输入框可以接收的最小的输入值。

step：指定输入域合法的间隔，如果不设置，默认值是 1。

demo9 - 3. html：

```
<! DOCTYPE HTML >
<html >
<head >
<meta charset = "UTF -8" >
<title >input 新增类型</title >
</head >
<body >
    <h3 >班级学生信息表</h3 >
<form action = "#" method = "post" >
    姓名：< input type = "text" id = "name" /> <br/> <br/>
    <! - -email 类型 - - >
    电子邮件：<input type = "email" name = "user_email"/> <br/> <br/>
    <! - -url 类型 - - >
    博客地址：<input type = "url" name = "user_url" /> <br/> <br/>
    <! - -tel 类型,给定的正则表达式要求为 11 个数字 - - >
    联系电话：<input type = "tel" name = "telphone" pattern = "^\d{11} $ "/> <br/>
<br/>
        <! - -number 类型,默认值为 60,最小值为 1,最大值
为 90,每次修改的步长为 5 - - >
        入学分数：< input type = "number"  value = "60"
min = "1" max = "90" step = "5" /> <br/> <br/>
        <! - - color 类型的默认值为黑色,这里设置成
红色- - >
        喜欢的颜色 < input type = "color"  value = " #
ff0000"/> <br/> <br/>
        < input type = "submit" value = "提交"/>
    </form >

</body >
</html >
```

效果如图 9 -4 所示。

图 9 -4　input 新增类型效果

提示：表单默认对空值不进行验证，也就是直接单击"提交"按钮，不会有提示信息出现。

在电子邮件输入框中输入不正确的 E-mail 地址 123，单击"提交"按钮，将会给出图9－5所示的提示信息。

在博客地址输入框中输入 www.sina.com，单击"提交"按钮，将会给出图9－6所示的提示信息，这里要输入完整的网址，即包含协议名称 http。

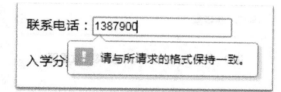

图9－5　电子邮件类型错误时的提示信息

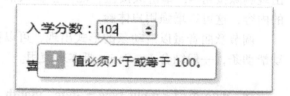

图9－6　博客地址类型错误时的提示信息

在联系电话输入框，如果输入的数字不足11位，或包含字母，将会给出图9－7所示的提示信息。

在入学分数输入框，如果输入的数字超出范围，或包含字母，将会给出图9－8所示的提示信息。

图9－7　联系电话类型错误时的提示信息　　　图9－8　入学分数类型错误时的提示信息

单击颜色框，将出现颜色选择器，可以自定义颜色，如图9－9所示。

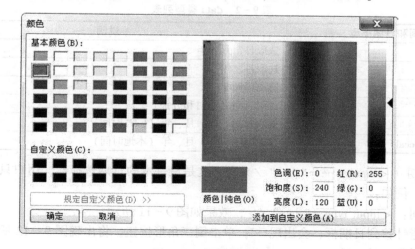

图9－9　颜色选择器

17. range 类型 < input type = "range" / >

range 类型的 input 元素用于提供一定范围内数值的输入范围，在网页中显示为滑动条。它的常用属性与 number 类型一样，通过 min 属性和 max 属性可以设置最小值与最大值，通过 step 属性指定每次滑动的步幅。例如 demo9 - 4. html。

```html
<! DOCTYPE HTML >
<html >
<head >
    <meta charset = "UTF - 8" >
    <title >input 新增类型 2 </title >
</head >
<body >
    <form action = "#" method = "post" >
    输入您喜欢的歌曲：<input type = "search" /> <br/> <br/>
    调节歌曲音量：<input type = "range" />
    </form >
</body >
</html >
```

效果如图 9 - 10 所示。

在输入您喜欢的歌曲输入框中输入内容，会出现删除按钮，单击该按钮，能清空输入框中的内容，这可以增强用户体验。

调节歌曲音量以滑动条的形式出现，可以拖动滑动条，一般结合 JavaScript 脚本来使用。

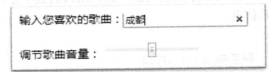

图 9 - 10　search 和 range 类型效果图

18. date 类型 < input type = date, month, week…" / >

date 类型是指时间和日期类型，HTML5 提供了多个可供选取日期和时间的输入类型，用于验证输入的日期，具体见表 9 - 2。

表 9 - 2　data 类型列表

时间和日期类型	说明
date	选取日、月、年
month	选取月、年
week	选取周和年
time	选取时间（小时和分钟）
datetime	选取时间、日、月、年（UTC 时间）
datetime - local	选取时间、日、月、年（本地时间）

（1）日期（< input type = "date" / >）　这是最基本的日期选择器，用户只能从日历中选择年月日。例如：

开会时间：< input type = "date" / >，效果如图 9 - 11 所示。

将鼠标指针移到日期框，会出现，单击倒三角形按钮，将出现图 9 - 12 所示的日期控件，可以选择年、月、日。

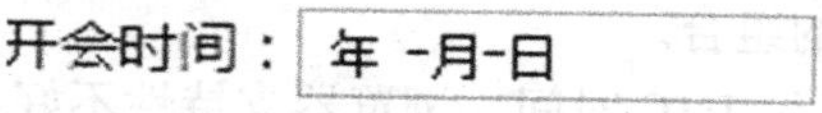

开会时间：年 -月-日

图 9 - 11　data 类型外观　　　　　　　图 9 - 12　data 类型选择状态

（2）月（< input type = " month" ／ >）　　选择年月，例如开会时间：< input type = "month" ／ >，效果如图 9 - 13 所示。

将鼠标指针移到日期框，会出现 ，单击倒三角形按钮，将出现图 9 - 14 所示的日期控件，可以选择年、月，如图 9 - 14 所示。注意被选中月份的显示方式。

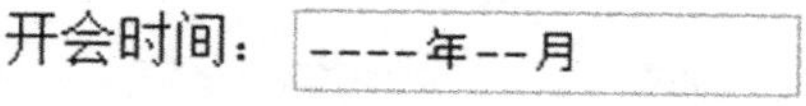

开会时间：----年--月

图 9 - 13　month 类型外观　　　　　　图 9 - 14　month 类型选择状态

（3）周（< input type = " week" ／ >）　　这时选择的就不是一个日期，而是周了。例如开会时间：< input type = " week" ／ >，效果如图 9 - 15 所示。

图 9 - 15　week 类型选择状态

（4）时间（＜input type = "time" /＞）　这是最简单的一种显示，没有日历，只能选择时间。例如开会时间：＜input type = "time" /＞，可以直接输入时间，也可以通过按钮调整时间，如图 9 - 16 所示。

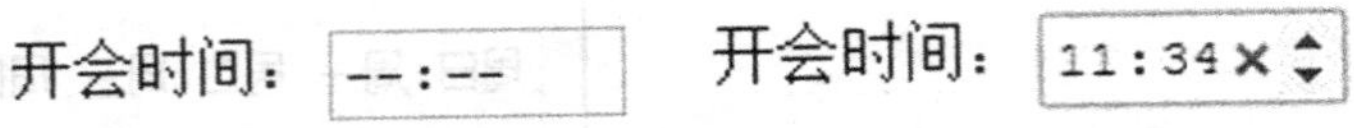

开会时间：`--:--`　　开会时间：`11:34 ✕ ⬍`

图 9 - 16　time 类型

（5）本地日期时间（＜input type = "datetime – local" /＞）　显示本地时间，显示日期组件，又显示时间组件，其实就是 date 类型和 time 类型的组合。

（6）UTC 时间（＜input type = "datetime" /＞）　显示 UTC 时间。浏览器支持性不好。

提示：对于浏览器不支持的 input 输入类型，将会在网页中显示为普通的输入框。

9.2.2　其他属性

input 控件除了必选的 type 属性外，还有很多可选属性，下面对几个常用的属性进行介绍。

1. readonly = "readonly"　只读属性

如果控件使用该属性，则该控件被设置为只读，不能修改，不可编辑，但可以使用 ＜Tab＞ 键切换到该字段，还可以选中或复制其文本。例如：

账号：＜input type = "text" value = "tom" readonly = "readonly"/＞

可以简写成：

账号：＜input type = "text" value = "tom" readonly/＞

2. disabled = "disabled"　属性控件禁用

被禁用的控件元素是无法使用和选中的，外观为灰色。例如：

账号：＜input type = "text" value = "admin" disabled = "disabled" /＞

同样，可以简写成：

账号：＜input type = "text" value = "admin" disabled/＞

3. autofocus = "autofocus"　属性

在 HTML5 中，autofocus 属性用于指定页面加载后控件是否自动获取焦点。该属性同 readonly 和 disabled 属性一样，都是布尔属性，可以增强用户体验。例如：

用户名：＜input type = "text"　autofocus = "autofocus" /＞

同样可以简写为：

用户名：＜input type = "text"　autofocus/＞

4. multiple = "multiple" 属性

multiple 属性指定输入框可以选择多个值，该属性适用于 email 和 file 类型的 input 元素。multiple 属性用于 email 类型的 input 元素时，表示可以向文本框中输入多个 E-mail 地址，多个地址之间通过逗号隔开；multiple 属性用于 file 类型的 input 元素时，表示可以选择多个文件。例如：

上传文件：< input type = "file" multiple = "multiple" />

效果如图 9 - 17 所示。

在图 9 - 17 中，同时选择了 3 个文件进行上传。

5. pattern 属性

pattern 属性用于验证 input 类型输入框中用户输入的内容是否与所定义的正则表达式相匹配。pattern 属性适用于 text、search、url、tel、email 和 password 类型的 < input/ > 标记。常用的正则表达式见表 9 - 3。

图 9 - 17　multiple 属性效果

表 9 - 3　常用正则表达式

正则表达式	说明
^[0 - 9] * $	数字
^\d{n} $	n 位的数字
^\d{n,} $	至少 n 位的数字
^\d{m,n} $	m - n 位的数字
^(0|[1 - 9][0 - 9] *) $	零和非零开头的数字
^([1 - 9][0 - 9] *) + (.[0 - 9]{1,2})? $	非零开头的最多带两位小数的数字
^(\ - |\ +)? \d + (\.\d +)? $	正数、负数和小数
^\d + $ 或 ^[1 - 9]\d * |0 $	非负整数
^ - [1 - 9]\d * |0 $ 或 ^((- \d +)|(0 +)) $	非正整数
^[\u4e00 - \u9fa5]{0,} $	汉字
^[A - Za - z0 - 9] + $ 或 ^[A - Za - z0 - 9]{4,40} $	英文和数字
^[A - Za - z] + $	由 26 个英文字母组成的字符串
^[A - Za - z0 - 9] + $	由数字和 26 个英文字母组成的字符串
^\w + $ 或 ^\w{3,20} $	由数字、26 个英文字母或者下画线组成的字符串
^[\u4E00 - \u9FA5 - Za - z0 - 9_] + $	中文、英文、数字包括下画线
^\w + ([- +.]\w +) * @ \w + ([- .]\w +) * \.\w + ([- .]\w +) * $	E-mail 地址
[a - zA - z] + ://[^\s] * 或 ^http://([\w -] + \.) + [\w -] + (/[\w - ./?%& =] *)? $	URL 地址
^\d{15}|\d{18} $	身份证号(15 位、18 位数字)
^([0 - 9]){7,18}(x|X)? $ 或 ^\d{8,18}|[0 - 9x]{8,18}|[0 - 9X]{8,18}? $	以数字、字母 X 结尾的短身份证号码
^[a - zA - Z][a - zA - Z0 - 9_]{4,15} $	账号是否合法(以字母开头，允许 5 ~ 16 个字节，允许字母、数字、下画线)
^[a - zA - Z]\w{5,17} $	密码(以字母开头，长度在 6 ~ 18 之间，只能包含字母、数字和下画线)

demo9 - 5. html：

```
<! DOCTYPE HTML >
<html >
<head >
<meta charset = "UTF - 8" >
<title >HTML5 表单验证</title >
</head >
<body >
<form action = "#" method = "post"    >
<! - -pattern 属性用于验证输入的内容是否与定义的正则表达式匹配,正则表达式[1 - 9]d{5}
(?! d)代表 6 位数的中国邮编 - - >
请输入中国邮编:<input type = "text" pattern = "[1 - 9]d{5}(?! d)" name = "postcode"
required/><br/>
<input type = "submit" value = "提交"/>
</form >
</body >
</html >
```

如果输入的不是数字，或者数字不满 5 位，
则效果如图 9 - 18 所示。

6. placeholder 属性

placeholder 属性用于为 input 类型的输入框

图 9 - 18　正则表达式验证效果

提供相关提示信息，以描述输入框期待用户输入何种内容。当输入框为空时显式出现，而当
输入框获得焦点时则会消失。例如：

账号:<input type = "text" placeholder = "请输入手机号或邮箱地址"/>

效果如图 9 - 19 所示。

输入框中的信息为灰色字，获取焦点并输入一个
字符后消失，这也是为了增强用户体验而设置的。

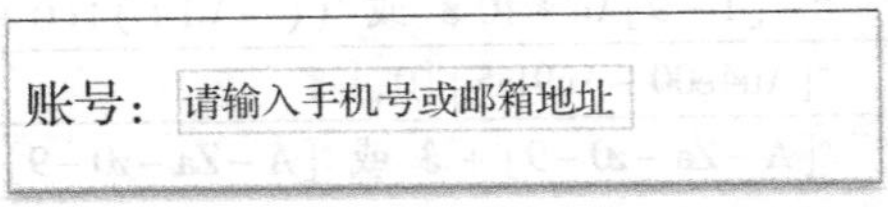

图 9 - 19　placeholder 属性效果

7. required = "required" 属性

HTML5 中的输入类型不会自动判断用户是否在输

入框中输入了内容，如果开发者要求输入框中的内容是必须填写的，那么需要为 input 元素指
定 required 属性。required 属性用于规定输入框填写的内容不能为空，否则不允许用户提交表
单。例如以下代码。

demo9 - 6. html：

```
<! DOCTYPE HTML >
<html >
  <head >
    <meta charset = "UTF - 8" >
    <title >requried</title >
  </head >
  <body >
    <form action = "#" method = "post" >
```

```
name: < input type = "text" required = "required" />
   < input type = "submit" />
   </form >
</body >
</html >
```

单击"提交"按钮，效果如图 9 - 20 所示。

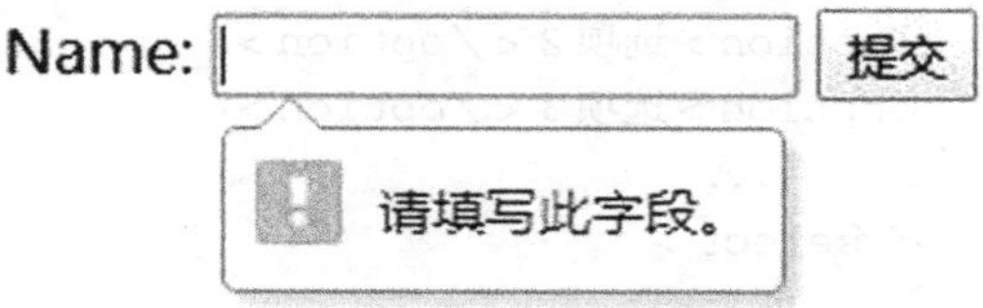

图 9 - 20　required 属性效果

9.3　其他表单控件

9.3.1　label 标记控件

从前面的案例可以看到，控件前都有提示信息，一般提示信息会用 label 标记来定义。该标记本身没有任何样式，但可以添加 for 属性将标记与后面的控件进行关联。当用户选择该 label 标签时，浏览器就会自动将焦点转到和 label 标签相关的表单控件上。例如以下代码。

demo9 - 7. html：

```
<! DOCTYPE html >
<html >
   <head >
       <meta charset = "UTF - 8" >
       <title >for 属性关联 </title >
   </head >
   <body >
   <form >
       <!-- label 的 for 属性取值一定要等于控件的 id 值,这样才能实现两者之间的关联 -- >
       <label for = "user" > 账号 </label > <input type = "text" id = "user" /> <br/>
       <label for = "psd" > 密码 </label > <input type = "password" id = "psd" /> <
br/>
   </form >
   </body >
</html >
```

效果如图 9 - 21 所示。

鼠标指针单击文本"账号"，也会选中后面的文本框。这可以增强用户操作体验。

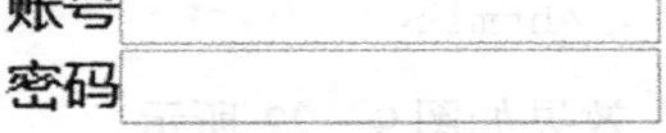

图 9 - 21　label 与控件关联

9.3.2　select 控件

浏览网页时，经常会看到包含多个选项的下拉列表，如选择所在的城市、出生年月、兴趣爱好等。HTML 使用 select 控件定义下拉列表，其基本语法格式如下：

```
< select >
< option >选项 1 < /option >
< option >选项 2 < /option >
< option >选项 3 < /option >
      ...
< /select >
```

在上面的语法中，< select > < /select >标记用于在表单中添加一个下拉列表，< option >
< /option >标记嵌套在 < select > < /select >标记中，用于定义下拉列表中的具体选项。每对
< select > < /select >中至少应包含一对 < option > < /option >。

在 HTML 中可以为 < select >和 < option >标记定义属性，以改变下拉列表的外观显示效
果，具体见表 9 - 4。

表 9 - 4　select 属性

标记名	常用属性	描述
< select >	size	指定下拉列表的可见选项数（取值为正整数）
	multiple	定义 multiple = " multiple " 时，下拉列表具有多项选择的功能，方法为按住 < Ctrl >键的同时选择多项
< option >	selected	定义 selected = " selected " 时，当前项即为默认选中项

demo9 - 8. html：

```
<! DOCTYPE HTML >
< html >
  < head >
    < meta charset = "UTF - 8 " >
    < title >select < /title >
  < /head >
  < body >
      选择手机品牌
  < select >
  < option value = "apple" >apple < /option >
  < option value = "huawei" selected >huawei < /option >
  < option value = "vovo" >vovo < /option >
  < option value = "xiaomi" >xiaomi < /option >
  < /select >
  < /body >
< /html >
```

效果如图 9 - 22 所示。

图 9 - 22　select 控件效果

9.3.3　textarea 控件

当定义 input 控件的 type 属性值为 text 时，可以创建
一个单行文本输入框。但是，如果需要输入大量的信息，单行文本输入框就不再适用了，为
此 HTML 语言提供了 < textarea > < /textarea >标记。通过 textarea 控件可以轻松地创建多行文
本输入框，其基本语法格式如下：

```
<textarea cols = "每行中的字符数" rows = "显示的行数">
文本内容
</textarea>
```

<textarea>元素除了 cols 和 rows 属性外，还可以添加前面介绍的各种属性。

demo9 – 9. html：

```
<! DOCTYPE HTML>
<html>
<head>
<meta charset = "UTF – 8">
<title>textarea</title>
</head>
<body>
<! – –定义了一个 8 行 40 个字符宽的文本框– – >
<textarearows = "8" cols = "40">
我是一个文本框,可以输入任意长度的文本!!!
</textarea>
</body>
</html>
```

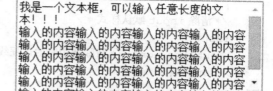

图 9 – 23　textarea 控件效果

效果如图 9 – 23 所示。

　提示：当文本框内容放不下时会自动添加垂直滚动条。

9.4　美化表单

前面设计的表单与网上看到的表单外观差距很大，因此，我们不但要设计表单的功能，还要使用 CSS 来控制表单控件的样式，美化表单。下面通过一个案例来讲解如何运用 CSS 来设计表单样式，效果如图 9 – 24 所示。

1）分析 HTML 文档结构。这是一个 QQ 邮箱的登录界面，首先分析它的 HTML 文档结构，HTML 文件由一个段落和一个表单构成，表单中包含一个单行文本输入框、一个密码框、一个复选框、一个按钮。代码如下：

```
<div class = "login">
    <p>QQ 登录</p>
    <form action = "#" method = "post">
        <input type = "text" placeholder = "支持 QQ
号/手机/邮箱登录"/><br/>
        <input type = "password" placeholder = "QQ
```

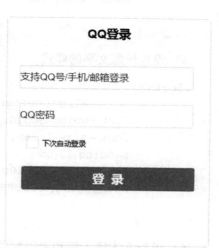

图 9 – 24　QQ 邮箱登录效果

```
密码"/> <br/>
        < input type = "checkbox" id = "xuan"/> < label for = "xuan" > < /label >
        < label class = "txt" >下次自动登录 < /label > <br/>
        < input type = "submit" value = "登录"/>
        < /form >
    < /div >
```

2）把元素的默认样式清除。input 默认有边框，选中时会有蓝色的边框线，要把这些清除。代码如下：

```
/*清除元素的内外边距 * /
  div,p,form,input{
    margin:0;
padding:0;
}
/*清除 input 默认样式 * /
input{
  outline:none;/*清除选中时的边框线 * /
  border:none;
  }
```

3）设置外围元素 login 类，这里要把它的 position 属性设置成 relative，后面的复选框、按钮的定位要以它为参照物。

```
.login{
        position:relative;
        width:400px;
        height:460px;
        border:1pxsolid#ddd;
        border - radius:5px;
        margin:20pxauto;
        font - family:arial;
        font - size:16px;

      }
```

4）设置标题文字的样式。

```
.login p{
        text - align: center;
        font - weight:bold;
        font - size:1.5em;
        padding:15px0;
        margin - bottom:20px;
        background:#F9FBFE;

      }
```

5）单行文本输入框和密码框样式相同，这里一起设置，用属性选择器来描述。

```
input[type = "text"],input[type = "password"]{
```

```
        width:340px;
        height:45px;
        margin:15px 25px;
        font - size:1.2em;
        border:1px solid #ddd;
        border - radius:2px;
    }
```

6）单行文本输入框和密码框在获取焦点时会出现一个蓝色边框，这里要用到伪类:
focus，表示获取焦点的状态。

```
input[type = "text"]:focus,input[type = "password"]:focus{
        border - color:#0066FF;
    }
```

未获取焦点与获取焦点的状态分别如图 9 - 25、图 9 - 26 所示。

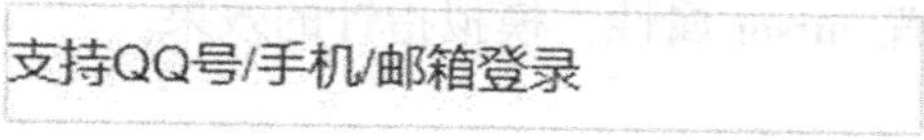

| 支持QQ号/手机/邮箱登录 | 支持QQ号/手机/邮箱登录 |

图 9 - 25　未获取焦点的状态 　　　　　图 9 - 26　获取焦点的状态

7）复选框、单选按钮、下拉列表等这类控件的默认样式很难改变，工作中经常采用的方法是把它们隐藏，利用 label 的伪类: after 重新绘制新的样式来取代。例如 < input type = " checkbox" id = " xuan" /> < label for = " xuan" > </ label >，这里把 label 和 checkbox 关联，利用 label: after 伪类来生成一个元素，设置该元素的背景图来取代 checkbox 默认的对勾。这里要用到绝对定位。代码如下:

```
/* 隐藏复选框 */
input[type = "checkbox"]{
    position:absolute;
    visibility:hidden;
}
/* 利用 label 标记来构建一个正方形框 */
input[type = "checkbox"] + label{
    display:inline - block;
    width:22px;
    height:22px;
    border:1px solid #ddd;
    position:absolute;
    left:40px;
    top:240px;
}
/* 被选中时生成一个伪类,伪类的内容为对钩,它的 CSS 编码为 2713 */
input[type = "checkbox"]:checked + label:after{
    content: "\2713";/* 对钩的 CSS 编码 */
    display: inline - block;
    font - size: 24px;/* 设置符号的大小 */
    color: blue;/* 设置符号的颜色 */
    position: absolute;
}
```

未选中时的效果和被选中时的效果如图 9 - 27 和图 9 - 28 所示。

图 9 - 27　未选中时的效果 　　　图 9 - 28　被选中时的效果

8）设置复选框的文本提示信息。

```
/*设置文本的样式*/
  .txt{
    position:absolute;
    left:70px;
    top:245px;
    font - size:0.9em;
  }
```

9）设置按钮的样式，给按钮的 hover 状态设置 cursor 属性，模拟指针的效果。

```
/*设置按钮的样式*/
  input[type = "submit"]{
    position:absolute;
    top:300px;
    left:30px;
    width:340px;
    height:48px;
    background:rgba(90,150,240,1);
    border - radius:4px;
    color:#fff;
    font - size:1.5em;
    font - weight:bold;
    border:none;
  }
  /*按钮 hover 的效果*/
  input[type = "submit"]:hover{
    background:rgba(90,150,240,0.7);
    cursor:pointer;
  }
```

本章小结

本章首先介绍了表单的构成及如何创建表单。重点讲解了 input 元素及其相关属性，并介绍了 label、textarea、select 等表单中的重要元素。最后通过一个案例讲解了使用 CSS 对表单进行美化的过程。

通过本章的学习，读者应该能够掌握常用的表单控件及其相关属性，并能够熟练地运用表单组织页面元素。

【动手实践】

1. 实现图 9 - 29 所示的百度账号的登录界面。
2. 实现图 9 - 30 所示的百度账号的注册界面。

图 9 - 29　【动手实践】题 1 图

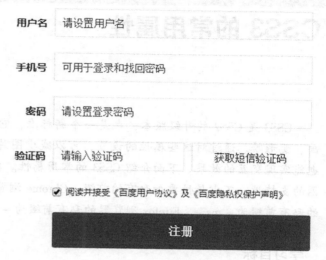

图 9 - 30　【动手实践】题 2 图

【思考题】

1. 表单的作用是什么？它有哪几类控件？
2. input 的 type 属性有哪几种？
3. HTML 是否会自动对 input 控件空值进行验证？如何解决这个问题？

第 10 章

CSS3 的常用属性

　　CSS3 是 CSS2 的升级版本，也是一个新标准，它增加了很多新功能，如圆角、阴影、动画、变形等。通过对这些属性的设置，可以减少图片的使用，在不使用 JavaScript 的情况下，也能实现交互的效果。下面介绍 CSS3 的常用属性。在使用 CSS3 的新增属性时，要注意浏览器的支持性，不少属性要加私有的前缀，Chrome 浏览器的私有前缀为 – webkit – ，IE 浏览器的私有前缀为 – ms – ，Firefox 浏览器的私有前缀为 – moz – ，Opera 的私有前缀为 – O – 。

学习目标

　　1. 掌握 CSS3 常用属性的语法、注意事项
　　2. 掌握 CSS3 常用属性的功能和使用方法
　　3. 能结合不同的属性制作一些实用的效果

10.1　分列布局 column 属性

　　在 Word 中进行排版时，我们可以使用分栏将内容分成两栏、三栏。在网页的排版中，也可以对页面的内容进行分列排版。

　　网页中的分列用 column 来实现，具体的属性设置如下。

　　1）"column-count: 列数"，设置列数。

　　2）"column-width: 宽度"，设置每列的宽度，会根据宽度自动计算能分成几列。

　　注意：以上两个属性可以用复合属性 columns 取代，也可同时设置列数和宽度。

　　3）"column-gap: < length > | normal"，设置列与列之间的间距。

　　4）"column-rule：[column-rule-width] | | [column-rule-style] | | [column-rule-color] ;"设置列与列之间的边框线。可以分别用 column-rule-width、column-rule-style 和 column-rule-color 设置，一般用 column-rule 这个复合属性设置。

　　5）"column-span: none | all"，设置对象元素是否横跨所有列。

　　例如，一篇文章的标题需要横跨所有的列，便可以设置为 column-span: all。

6）"column-fill: auto | balance"，设置对象所有列的高度是否统一。auto：列高度自适应内容；balance：所有列的高度以其中最高的一列统一，浏览器支持性不好，建议不使用。

Internet Explorer 10 和 Opera 支持多列属性。Firefox 需要前缀 – moz –。Chrome 和 Safari 需要前缀 – webkit –。注意：Internet Explorer 9 以及更早的版本不支持多列属性。浏览器的支持性如图 10 – 1 所示。

属性	浏览器支持				
column-count	IE	-moz-	-webkit-	-webkit-	O
column-gap	IE	-moz-	-webkit-	-webkit-	O
column-rule	IE	-moz-	-webkit-	-webkit-	O

图 10 – 1　column 属性的浏览器支持性

demo10 – 1. html：

```
<! DOCTYPE HTML >
<html >
<head >
<meta charset = "UTF –8" >
<title >分列属性 </title >
</head >
<style >
body{
  font – family:Verdana,Geneva,sans – serif;
  font – size:100% ;
  width:100% ;
  height:100% ;
}
.con{
  width:660px;
  margin:0 auto;
  /* 设置分列数为 3 * /
  columns:3 ;
  – webkit – columns:3 ;
  – moz – columns:3 ;
  /* 设置分列与列之间的间距为 40px * /
  column – gap:40px;
  – webkit – column – gap:40px;
```

```
    -moz-column-gap:40px;
    /*设置分列与列之间的分隔线*/
    column-rule:3px dashed #fc0;
    -webkit-column-rule:3px dashed #fc0;
    -moz-column-rule:3px dashed #fc0;
}
/*设置段落样式*/
.con p{
    line-height:150%;
    text-indent:2em;
}
/*设置标题样式和跨列*/
.con h2,.con h4{
    text-align:center;
    color:#FC0;
    column-span:all;
    -webkit-column-span:all;
}
</style>
</head>
<body>
<div class="con">
<h2>故都的秋</h2>
<h4>郁达夫</h4>
```

<p>秋天，无论在什么地方的秋天，总是好的；可是啊，北国的秋，却特别地来得清，来得静，来得悲凉。我的不远千里，要从杭州赶上青岛，更要从青岛赶上北平来的理由，也不过想饱尝一尝这"秋"，这故都的秋味。</p>

<p>北国的槐树，也是一种能使人联想起秋来的点缀。像花而又不是花的那一种落蕊，早晨起来，会铺得满地。脚踏上去，声音也没有，气味也没有，只能感出一点点极微细极柔软的触觉。扫街的在树影下一阵扫后，灰土上留下来的一条条扫帚的丝纹，看起来既觉得细腻，又觉得清闲，潜意识下并且还觉得有点儿落寞，古人所说的梧桐一叶而天下知秋的遥想，大约也就在这些深沉的地方。</p>

<p>南国之秋，当然也是有它的特异的地方的，比如廿四桥的明月，钱塘江的秋潮，普陀山的凉雾，荔枝湾的残荷等等，可是色彩不浓，回味不永。比起北国的秋来，正像是黄河之与白干，稀饭之与馍馍，鲈鱼之与大蟹，黄犬之与骆驼。</p>

<p>秋天，这北国的秋天，若留得住的话，我愿把寿命的三分之二折去，换得一个三分之一的零头。</p>

```
</div>
</body>
</html>
```

IE 浏览器和 Chrome 浏览器的效果如图 10 - 2 所示。

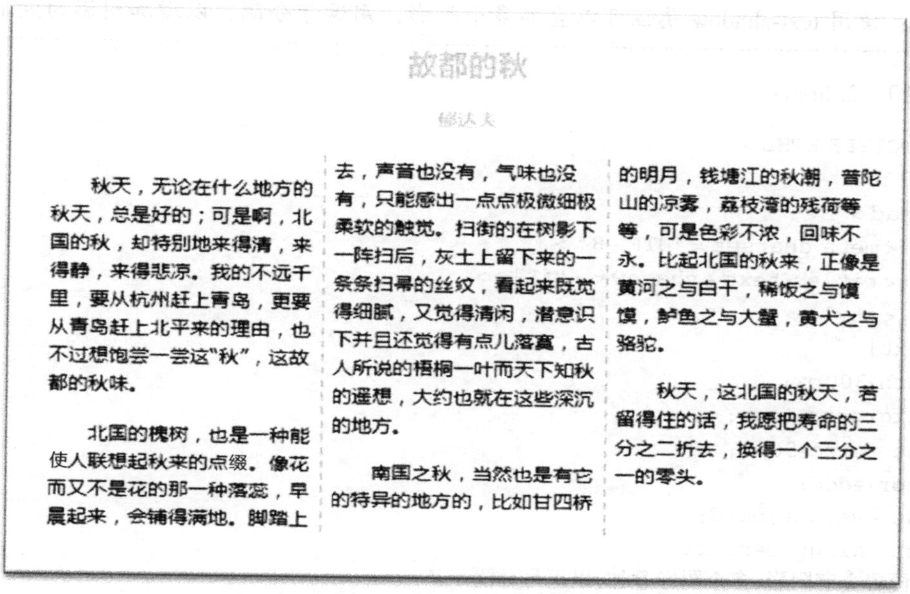

图 10 - 2　多列布局效果图

10.2　文字阴影 text-shadow 属性

text-shadow 属性可向文本添加一个或多个阴影。给文字设置阴影可以减少图片的使用。
语法格式：

```
text - shadow: h - shadow v - shadow blur color;
```

说明：

1）h-shadow：必选项，设置水平阴影的位置，正值向右投影，负值向左投影。

2）v-shadow：必选项，垂直阴影的位置，正值向下投影，负值向上投影。

3）blur：可选项，阴影的模糊距离，其值只能为正值，如果其值为 0 时，表示阴影不具有模糊效果。其值越大，阴影的边缘就越模糊。

4）color：可选项，阴影的颜色，如果省略，则浏览器会取默认色，但各浏览器的默认色不一样，特别是在 - webkit - 内核下的 Safari 和 Chrome 浏览器中，其没有默认色，即是无色的，也就是透明的，因此不建议省略。

浏览器的支持性如图 10 - 3 所示。

属性 浏览器					
text-shadow	4.0	10.0	3.5	4.0	9.6

图 10 - 3　text-shadow 属性的浏览器支持性

提示：使用 text-shadow 属性可以叠加多个阴影，用逗号分隔，以增加阴影的效果。

demo10 – 2. html：

```
<! DOCTYPE HTML >
<html >
  <head >
      <meta charset = "UTF – 8" >
      <title >text – shadow</title >
      <style >
 .text{
width:300px;
background:#ccc;
font – size:56px;
color:#ddd;
font – weight:bold;
text – align:center;
/* 设置文字阴影,多个阴影叠加,以逗号分隔 */
text – shadow:2px 2px 3px #777,
2px 4px 3px #444,2px 4px 3px #222;
}
      </style >
  </head >
  <body >
      <p class = "text" >新余学院</p >
  </body >
</html >
```

效果如图 10 - 4 所示。

新余学院

图 10 - 4 文字阴影效果

10. 3 盒子 box-shadow 属性

box-shadow 属性可给块元素添加阴影，一般用来给段落、图片、div 等容器添加阴影，其作用与 text-shadow 相同。其语法格式如下：

box – shadow:投影方式 || x 轴偏移量 || y 轴偏移量 || 阴影模糊半径 || 阴影扩展半径 || 阴影颜色;

说明：

1）投影方式：该参数是一个可选项。如果不设值，其默认的投影方式是外阴影；设置阴影类型为"inset"时，其投影就是内阴影。

2）x 轴偏移量：必选项，是指阴影水平偏移量，其值可以是正值或负值。如果为正值，则阴影在对象的右边；为负值时，阴影在对象的左边。

3）y 轴偏移量：必选项，是指阴影的垂直偏移量，其值可以是正值或负值。如果为正值，阴影在对象的底部；为负值时，阴影在对象的顶部。

4）阴影模糊半径：这个参数是可选值，但其值只能为正值。如果其值为 0，表示阴影不具有模糊效果。其值越大，阴影的边缘就越模糊。

5）阴影扩展半径：这个参数可选，其值可以是正值或负值。如果为正值，则整个阴影都延展扩大；为负值时，则缩小。

6）阴影颜色：这个参数可选，如果不设定任何颜色，浏览器会取默认色，建议不要省略此参数。

 提示：box-shadow 属性可以叠加多个阴影，用逗号分隔，以增加阴影的效果。

demo10-3.html：

```html
<!DOCTYPE HTML>
<html>
  <head>
      <meta charset="UTF-8">
      <title>box-shadow</title>
      <style>
      /*给 div 添加盒子阴影*/
      .box{
        width:260px;
        height:200px;
        /* background: #E8E7E3;*/
        border:1px solid #ddd;
        box-shadow:3px 3px 4px #ccc;
      }
      /*给图像添加阴影*/
      .img1{
      width:200px;
      height:250px;
      margin:50px;
      border:1px solid #ccc;
      padding:5px;
      box-shadow:3px 3px 5px rgba(100,100,50,0.8);}
      </style>
  </head>
  <body>
      <div class="box"></div>
      <img src="photo/img/ya1.jpg" class="img1"/>
```

```
</body>
</html>
```

为 div 及图像添加阴影后的效果如图 10 - 5、图 10 - 6 所示。

图 10 - 5　div 加阴影图

图 10 - 6　图像加阴影

10. 4　圆角边框 border-radius 属性

CSS3 的圆角边框实际上是在矩形的 4 个角处分别做内切圆，然后通过设置内切圆的半径来控制圆角的弧度，如图 10 - 7 所示。

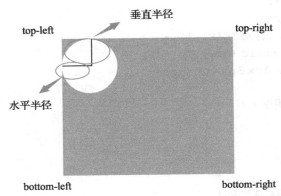

图 10 - 7　圆角半径

CSS3 的圆角边框使用 border-radius 属性来实现，这是一个复合属性，语法格式如下：

```
border - radius:1 - 4  length|% /1 - 4  length|% ;
```

说明：

1) length 用于设置对象的圆角半径长度，不可为负值，单位可以为像素，也可以为百分比。

2）如果 "/" 前后的值都存在，那么 "/" 前面的值设置其水平半径，"/" 后面的值设置其垂直半径。如果没有 "/"，则表示水平和垂直半径相等。

3）如果给定 4 对值，则分别表示 top-left、top-right、bottom-right、bottom-left 这 4 个角的半径。

4）如果给定 3 对值，则第 1 对值为 top-left，第 2 对值为 top-right、bottom-left，第 3 对值为 bottom-right。

5）如果给定两对值，则第 1 对值为 top-left 和 bottom-right，第 2 对值为 top-right、bottom-left。

6）如果只给出一个值，则 4 个角的半径相同。

7）通过 border-radius 属性我们可以设置椭圆、圆环、三角形及拼图等多种效果。

border-radius 是一种缩写的方式，其实 border-radius 和 border 属性一样，还可以把各个角单独拆分出来，也就是以下 4 种写法。

左上角：border-top-left-radius: < length > < length >

右上角：border-top-right-radius: < length > < length >

右下角：border-bottom-right-radius: < length > < length >

左下角：border-bottom-left-radius: < length > < length >

这 4 种写法的参数都是先写水平半径，后写垂直半径。

demo10 - 4. html：

```
<! DOCTYPE HTML >
<html >
<head >
<meta charset = "UTF -8" >
<title >border - radius </title >
<style >
div{
  margin:20px auto;
}
/* top - left 的半径为 100px 80px
* top - right 的半径为 50px 40px
* bottom - right 的半径为 30px 20px
* bottom - left 的半径为 15px 10px */
.radius1{
    width:200px;
    height:200px;
    background:#6F6;
    border - radius:100px 50px 30px 15px /80px 40px 20px 10px;
}
/* 圆的设置,水平半径和垂直半径都为 widht、height 的一半,可设置成圆或椭圆 */
.radius2{
    width:200px;
    height:200px;
    background:#6F6;
    border - radius:50% ;
}
/* 圆角为 100% ,可设置成圆环 */
```

```
.radius3{
    width:40px;
    height:40px;
    border:40px solid #F30;
    border-radius:100%;
}
/*圆角矩形的设置,分别设置了左上角和右上角*/
.radius4{
    width:200px;
    height:60px;
    background:#0A0;
    border-top-left-radius:20px;
    border-top-right-radius:20px;
}
/*三角形的设置,把3条边设置为透明色,可以得到一个反向的三角形*/
.radius5{
    width:0;
    height:0;
    border-width:20px;
    border-style:solid;
    border-color:transparent transparent red transparent;
}
</style>
</head>
<body>
<div class="radius1"></div>
<div class="radius2"></div>
<div class="radius3"></div>
<div class="radius4"></div>
<div class="radius5"></div>
</body>
    </html>
```

效果如图 10-8 ～图 10-12 所示。

图 10-8　角不对称的设置

图 10-9　正圆

图 10-10　圆环

图 10-11　圆角矩形图

图 10-12　三角形

10.5 过渡 transition 属性

CSS3 的过渡就是平滑地改变一个元素的 CSS 值，使元素从一个样式逐渐过渡到另一个样式，所以必须规定两项内容：

1）规定应用过渡的 CSS 属性名称；

2）规定效果的时长。

CSS3 过渡使用 transition 属性来定义。transition 属性的基本语法如下：

```
transition:property duration timing-function delay;
```

其中，property 给定应用过渡的 CSS 属性的名称；duration 给定过渡效果花费的时间；timing-function 给定过渡效果的时间曲线；delay 给定效果开始之前需要等待的时间。

transition 是一个复合属性，由 4 个属性构成，见表 10-1。

表 10-1 transition 属性列表

属性	描述	允许取值	取值描述
transition-property	规定应用过渡的 CSS 属性的名称	none	没有属性会获得过渡效果
		all	默认值，所有属性都将获得过渡效果
		property	定义应用过渡效果的 CSS 属性名称列表
transition-duration	定义过渡效果花费的时间	time	以秒或毫秒计，默认是 0，意味着没有效果
transition-timing-function	规定过渡效果的时间曲线	linear	规定以相同速度开始至结束的过渡效果（等于 cubic-bezier（0，0，1，1））
		ease	默认值，规定慢速开始，然后变快，最后慢速结束的过渡效果（cubic-bezier（0.25，0.1，0.25，1））
		ease-in	规定以慢速开始的过渡效果（等于 cubic-bezier（0.42，0，1，1））
		ease-out	规定以慢速结束的过渡效果（等于 cubic-bezier（0，0，0.58，1））
		ease-in-out	规定以慢速开始和结束的过渡效果（等于 cubic-bezier（0.42，0，0.58，1））
		cubic-bezier (n, n, n, n)	在 cubic-bezier 函数中定义自己的值。可能的值是 0~1 之间的数值
transition-delay	规定效果开始之前需要等待的时间	time	以秒或毫秒计，默认是 0

一般我们直接用一个复合属性设置，不会分别设置。

Internet Explorer 10、Firefox、Opera 和 Chrome 支持 transition 属性，Safari 需要前缀 -webkit-。Internet Explorer 9 以及更早版本的浏览器不支持 transition 属性。

支持 transition 属性的浏览器如图 10-13 所示。

IE	Firefox	Chrome	Safari	Opera

图 10－13　支持 transition 属性的浏览器

demo10－5．html：

```
<！DOCTYPE HTML>
<html>
<head>
<meta charset="UTF-8">
<title>transition</title>
<style>
div{
  margin:40px;
}
.trans1{
  width:100px;
  height:100px;
  background:#0066FF;
  transition:width 2s linear ;
}
.trans1:hover{
  width:200px;
}
.trans2{
  width:100px;
  height:100px;
  background:#0f0;
  transition:all 2s ease;
}
.trans2:hover{
  background: yellow;
  border-radius:50% ;
}
</style>
</head>
<body>
<div class="trans1"></div>
<div class="trans2"></div>
</body>
   </html>
```

第一个 div 的 width 从 100px 平滑地变为 200px，变化曲线为 liner，时间为 2s，效果如图 10－14 所示。

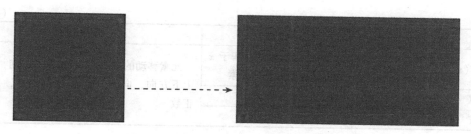

图 10 - 14　transition 一个属性的变化效果

第二个 div 从正方形平滑地变为圆形，背景从绿色变为黄色，变化曲线为 ease，时间为 2s，效果如图 10 - 15 所示。

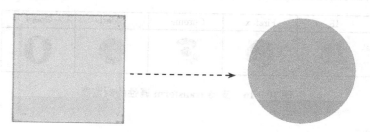

图 10 - 15　transition 多个属性的变化

10.6　变形 transform 属性

transform 翻译成中文是"改变、使…变形、转换"，用于向元素应用 2D 或 3D 转换。这里仅介绍 2D。

使用 transform 可以将元素进行旋转、倾斜、缩放和移动。基本语法如下：

```
transform:none|transform-functions;
```

其中，none 为默认值，适用于内联元素和块元素，表示不进行变形；transform-functions 用于设置变形函数，可以是一个或多个变形函数列表。transform 子函数见表 10 - 2。

表 10 - 2　transform 子函数

属性	描述	参数说明
rotate（angel）	旋转元素	angel 是度数值，代表旋转角度
skew（x-angel，y-angel）	倾斜元素	angel 是度数值，代表倾斜角度
skewX（angel）	沿着 x 轴倾斜元素	
skewY（angel）	沿着 y 轴倾斜元素	
scale（x，y）	缩放元素，改变元素的高度和宽度	代表缩放比例，取值包括正数、负数和小数
scaleX（x）	改变元素的宽度	
scaleY（y）	改变元素的高度	

（续）

属性	描述	参数说明
translate（x, y）	移动元素对象，基于 x 和 y 坐标重新定位元素	元素移动的数值，x 代表左右方向，y 代表上下方向，向左和向上使用负数，反之用正数
translateX（x）	沿 x 轴移动元素	
translateY（y）	沿 y 轴移动元素	

Internet Explorer 10、Firefox、Opera 支持 transform 属性。Internet Explorer 9 支持替代的-ms-transform 属性（仅适用于 2D 转换）。Safari 和 Chrome 支持替代的-webkit-transform 属性。支持 transform 属性的浏览器如图 10－16 所示。

IE	Firefox	Chrome	Safari	Opera

图 10－16　支持 transform 属性的浏览器

1. 旋转 rotate

语法格式：

```
transform: rotate(angel);
```

只有一个参数"角度"，单位为 deg，正数时顺时针旋转，负数时逆时针旋转。旋转点默认为对象的中心点。

2. 缩放 scale

语法格式：

```
transform: scale(x,y);
```

参数 x、y 分别表示水平和垂直方向的缩放倍数；如果只给出一个参数，则表示水平和垂直缩放倍数相同。也可以写成 transform：scaleX（x）（水平方向缩放的倍数）、transform：scaleY（y）（垂直方向的缩放倍数）。

demo10－6.html：

```
<! DOCTYPE HTML >
<html >
<head >
<meta charset = "UTF -8" >
<title >transform - - - -rotate scale </title >
<style >
   img{
       width:200px;
       height:200px;
       padding:8px;
       box - shadow:7px 5px 5px #d9d9d9;
       margin:50px;
       }
```

```
/*图像逆时针旋转 45°*/
img.rotate1{
  -webkit-transform: rotate(-45deg);
  -ms-transform: rotate(-45deg);
}
/*图像顺时针旋转 45°*/
img.rotate2{
  -webkit-transform:rotate(45deg);
  -ms-transform: rotate(45deg);
}
/*图像水平方向扩大 1.5 倍*/
img.scaleX{
  -webkit-transform:scaleX(1.5);
  -ms-transform:scaleX(1.5);
}
/*图像垂直方向扩大 1.5 倍*/
img.scaleY{
  -webkit-transform:scaleY(1.5);
  -ms-transform:scaleX(1.5);
}
/*图像水平垂直方向缩小至原来的 0.8 */
img.scale{
  -webkit-transform:scale(0.8);
  -ms-transform:scale(0.8);
}
</style>
</head>
<body>
<imgsrc = "photo/img/beauty5.jpg" class = "rotate1">
<imgsrc = "photo/img/beauty5.jpg" class = "rotate2">
<imgsrc = "photo/img/beauty5.jpg" class = "scaleX">
<imgsrc = "photo/img/beauty5.jpg" class = "scaleY">
<imgsrc = "photo/img/beauty5.jpg" class = "scale">
</body>
</html>
```

效果如图 10-17~图 10-21 所示。

图 10-17　逆时针旋转 45°

图 10-18　顺时针旋转 45°

图 10－19　水平方向扩大 1.5 倍　　　图 10－20　垂直方向扩大 1.5 倍　　　图 10－21　缩小至原来的 0.8

3. 倾斜 skew

语法格式：

```
transform:skew( <angle> [ ,<angle>]);
```

包含两个参数值，分别表示 x 轴和 y 轴倾斜的角度，如果第二个参数为空，则默认为 0。

"skewX（<angle>）;" 表示只在 x 轴（水平方向）倾斜。参数为正时，沿 x 轴向逆时针旋转；参数为负时，沿 x 轴向顺时针旋转。

"skewY（<angle>）;" 表示只在 y 轴（垂直方向）倾斜。参数为正时，沿 y 轴逆时针旋转；参数为负时，沿 y 轴顺时针旋转。

demo10－7. html：

```
<! DOCTYPE HTML>
<html>
<head>
    <meta charset="UTF-8">
    <title>skew</title>
    <style>
     div{
       width:100px;
       height:100px;
       background:#0f0;
       margin:60px;
     }
     /*沿x轴逆时针旋转30°*/
     div:nth-child(1){
       -webkit-transform:skewX(30deg);
       -ms-transform:skewX(30deg);
     }
     /*沿x轴顺时针旋转30°*/
     div:nth-child(2){
       -webkit-transform:skewX( -30deg);
       -ms-transform:skewX( -30deg);
     }
```

```
      /*沿 y 轴逆时针旋转 30° */
      div:nth - child(3){
        -webkit - transform:skewY(30deg);
        -ms - transform:skewY(30deg);
      }
      /*沿 y 轴顺时针旋转 30° */
      div:nth - child(4){
        -webkit - transform:skewY( -30deg);
        -ms - transform:skewY( -30deg);
      }
      /*沿 x 轴、y 轴都逆时针旋转 30° */
      div:nth - child(5){
        -webkit - transform: skew(30deg,30deg);
        -ms - transform: skew(30deg,30deg);
      }
    </style >
</head >
<body >
    <div > </div >
    <div > </div >
    <div > </div >
    <div > </div >
    <div > </div >
</body >
</html >
```

效果如图 10 - 22 ~ 图 10 - 26 所示。

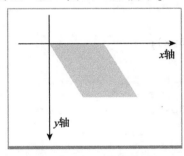

图 10 - 22　沿 x 轴逆时针旋转 30°

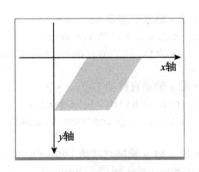

图 10 - 23　沿 x 轴顺时针旋转 30°

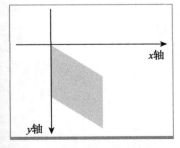

图 10 - 24　沿 y 轴逆时针旋转 30°

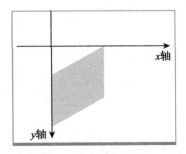

图 10 - 25　沿 y 轴顺时针旋转 30°

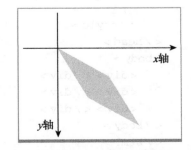

图 10 - 26　沿 x 轴、y 轴都逆时针旋转 30°

4. 移动 translate

语法格式：

```
transform：translate(x,[y])
```

参数表示移动距离，单位为 px、em、百分比，可正可负。

参数 x 表示沿 x 轴水平方向的移动距离，为正时向右，为负时向左；参数 y 表示沿 y 轴垂直方向的移动距离，为正时向下，为负时向上。参数默认为 0。

也可以单独写成：

transform：translateX（x），设置沿 x 轴方向水平移动；

transform：translateY（y），设置沿 y 轴方向垂直移动。

demo10 - 8. html：

```
<! DOCTYPE HTML >
<html >
  <head >
    <meta charset = "UTF - 8" >
    <title >translate </title >
    <style >
     div{
       width:100px；
       height:100px；
       background:#0f0；
       margin:50px；
       transition:all 2s；
     }
     /*沿 x 轴水平移动 150px */
     div:nth - child(1):hover{
       -webkit - transform:translateX(150px)；
     }
     /*沿 y 轴垂直移动 100px */
     div:nth - child(2):hover{
       -webkit - transform:translateY(100px)；
     }
     /*沿 x 轴、y 轴同时移动 100px */
     div:nth - child(3):hover{
       -webkit - transform: translate(100px,100px)；
     }
    </style >
</head >
<body >
    <div > </div >
    <div > </div >
    <div > </div >
</body >
</html >
```

5. transform-origin

使用 transform 属性进行的旋转、移位、缩放等操作都是以元素自己的中心（变形原点）位置进行变形的，但很多时候需要在不同的位置对元素进行变形操作，此时就可以使用 transform-origin 属性来对元素进行原点位置改变，使元素原点不在元素的中心位置，以得到需要的原点位置。

语法格式：

```
transform-origin(x y);
```

设置变形的原点，共两个参数，表示相对左上角原点的距离，单位为 px。第一个参数表示相对左上角原点水平方向的距离，第二个参数表示相对左上角原点垂直方向的距离。

除了可以将两个参数设置为具体的像素值外，也可以用关键字。其中，第一个参数可以指定为 left、center、right，第二个参数可以指定为 top、center、bottom。

demo10-9. html：

```html
<!DOCTYPE HTML>
<html>
  <head>
    <meta charset = "UTF-8">
    <title>transform-origin</title>
    <style>
    .wrapper{
    width:200px;
    height:200px;
    margin:100px;
    border:2px dotted red;
    line-height:200px;
    text-align:center;
    }
    .wrapper div{
    background: orange;
    -webkit-transform: rotate(45deg);
    transform: rotate(45deg);
    }
    /* 设置旋转基点为左上角(0,0) */
    .transform-origin div{
    -webkit-transform-origin:0 0;
    transform-origin:0 0;
    }
    </style>
  </head>
  <body>
<div class = "wrapper">
<div>原点在默认位置处</div>
</div>
<div class = "wrapper transform-origin">
<div>原点重置到左上角</div>
```

```
 </div>
 </body>
  </html>
```

效果如图 10 - 27、图 10 - 28 所示。

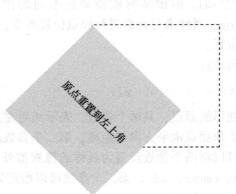

图 10 - 27　原点在默认位置　　　　图 10 - 28　原点在左上角

提示：以上介绍的旋转、缩放、倾斜、移动的方法可以组合起来使用，例如

```
transform: rotate (45deg) scale (0.5) skew (30deg, 30deg) translate (100px,
100px);
```

这 4 种变形方法的顺序随意，但不同的顺序会导致变形结果不同，原因是变形的顺序是从左到右依次进行，该例用法中的执行顺序为 rotate、scale、skew、translate。

10. 7　动画 animation 属性

transition 属性可以实现从一个属性到另一个属性的平滑改变，而 CSS3 提供的 animation 属性可以从一个关键帧到多个关键帧之间变化，制作出类似 Flash、Gif 的动画效果。

一个完整的 CSS3 的 animation 由两部分构成：

1）一组定义动画的关键帧（@ keyframes 规则）；

2）描述该动画的 CSS 声明（animation 属性）。

1. @keyframes 规则

在 CSS3 中使用@ keyframes 规则来创建动画。keyframes 可以设置多个关键帧，每个关键帧表示动画过程中的一个状态，多个关键帧就可以使动画十分绚丽。

@ keyframes 规则的语法格式如下：

```
@ keyframes animationname {
keyframes - selector{css - styles;}
}
```

animationname 表示当前动画的名称，它将作为引用时的唯一标识，因此不能为空。

keyframes-selector 是关键帧选择器，即指定当前关键帧要应用到整个动画过程中的位置值，可以是一个百分比、from 或者 to。其中，from 和 0% 的效果相同，表示动画的开始；to 和 100% 的效果相同，表示动画的结束。

2. animation 属性

animation 属性用于描述动画的 CSS 声明，包括指定具体动画及动画时长等行为。

它的基本语法如下：

```
animation：[name][duration][timing - function][delay][iteration - count]
[direction][play - state][fill - mode];
```

animation 属性见表 10 - 3。

表 10 - 3   animation 属性

属性	描述
animation-name	规定 @ keyframes 动画的名称。取值为 none，表示无动画
animation-duration	规定动画完成一个周期所花费的时间，以秒（s）或毫秒（ms）计，默认是 0
animation-timing-function	规定动画的速度曲线，取值同 transition-timing-function 的值，默认是 ease
animation-delay	规定动画开始前的延迟，可选项，默认是 0
anim ation-iteration-count	规定动画被播放的次数，取值为 n，默认是 1，infinite 为无限播放
animation-direction	规定动画播放方向，默认是 normal reverse：倒序播放 alternate：交替播放 alternate-reverse：反向交替播放
animation-play-state	规定动画是否正在运行或暂停，默认是 running，paused 表示动画暂停播放
animation-fill-mode	是指给定动画播放前后应用元素的样式 none：动画执行前后不改变任何样式 forwards：保持目标动画最后一帧的样式 backwards：保持目标动画第一帧的样式 both：动画将会执行 forwards 和 backwards 执行的动作

Internet Explorer 10、Firefox 及 Opera 支持 @ keyframes 规则和 animation 属性。

Chrome 和 Safari 需要前缀 - webkit -。Internet Explorer 9 以及更早的版本不支持@ keyframes 规则或 animation 属性。

demo10 - 10. html：

```
<! DOCTYPE HTML >
<html >
  <head >
    <meta charset = "UTF - 8 ">
    <title >animation </title >
  <style >
  .trans{
```

```
width:50px;
height:50px;
border:5px solid #ccc;
border - radius:50% ;
/*调用定义的动画,线性无限循环 */
-webkit - animation:anim 3s linear infinite;
-moz - animation:anim 3s linear infinite;
-ms - animation:anim 3s linear infinite;
   -o - animation:anim 3s linear infinite;
}
/*定义 Chrome 浏览器动画关键帧,旋转变色 */
@ -webkit - keyframes anim{
0% {
transform: rotate(0deg);
border - bottom - color:#F00;
}
50% {
   transform: rotate(180deg);
   border - bottom - color:#a00;
}
100% {
transform: rotate(360deg);
border - bottom - color:#800;
}
   }
/*定义 Firefox 浏览器动画关键帧,旋转变色 */
@ -moz - keyframes anim{
0% {
transform: rotate(0deg);
border - bottom - color:#f00;
}
50% {
  transform: rotate(180deg);
  border - bottom - color:#a00;
}
100% {
transform: rotate(360deg);
border - bottom - color:#800;
}
}
/*定义 IE 浏览器动画关键帧,旋转变色 */
@ -ms - keyframes anim{
0% {
transform: rotate(0deg);
border - bottom - color:#F00;
}
```

```
50% {
  transform: rotate(180deg);
  border - bottom - color:#a00;
}
100% {
transform: rotate(360deg);
border - bottom - color:#800;
}
}
    </style >
</head >
<div class = "trans" > </div >
</html >
```

效果如图 10 - 29 所示。

图 10 - 29　animation 动画效果

10.8　CSS3 照片墙的制作

1. 案例分析

照片墙特效内容为：照片以不同的旋转角度、扭曲角度排成花瓣形，当鼠标指针移动到某一张照片上时，此照片缓慢地由旋转、扭曲的状态转变为端正状态，并且放大一定比例显示在最上面，鼠标指针移走后，又恢复为原状态。效果如图 10 - 30 所示。

图 10 - 30　花瓣照片墙效果图

2. 要用到的知识点

1）box-shadow：给图像元素的边框添加阴影效果。

2）position：给元素定位（对父元素进行相对定位，对子元素进行绝对定位）。

3）z-index：设置元素的上下层显示。

4）transition：设置元素由样式 1 转变为样式 2 的过程所需的时间。

5）transform：使元素变形的属性，其配合 rotate（旋转角度）、scale（改变大小）、skew（扭曲元素）等参数一起使用。

3. 制作步骤

1）搭建 HTML 文档结构，代码如下：

```
<body>
  <div class = "con">
    <h1>雅韵</h1>
    <imgsrc = "img /ya1.jpg" class = "ya1"/>
    <imgsrc = "img /ya2.jpg" class = "ya2"/>
    <imgsrc = "img /ya3.jpg" class = "ya3"/>
    <imgsrc = "img /ya4.jpg" class = "ya4"/>
    <imgsrc = "img /ya5.jpg" class = "ya5"/>
    <imgsrc = "img /ya6.jpg" class = "ya6"/>
  </div>
</body>
```

把 6 张照片都放在一个 div 容器中，分别给每一张照片加载不同的类名。

2）设置容器 div 的样式，把父容器设置为相对定位，但不设置偏移量。代码如下：

```
body{
     background:#eee;
     }
/*设置外围容器的大小和相对定位*/
.con{
width:1000px;
height:600px;
margin:50px auto;
position:relative;
}
/*设置标题的样式*/
.con h1{
text-align: center;
font-family:"微软雅黑";
font-size:3em;
color:#faa;
text-shadow:2px 2px 3px rgba(100,100,100,0.4);
     }
```

3）使用边框、内边距、阴影等属性对图像进行外观处理，使图像具有立体感。代码如下：

```
/*统一设置图像样式,图像绝对定位*/
.con img{
width:200px;
height:200px;
```

```
padding:5px;
background: white;
box - shadow:2px 2px 3px rgba(50,50,50,0.4);
border - radius:30% ;
transition:2s ease - in;
position:absolute;
}
```

4）照片以不同的位置和旋转角度随意摆放：设置每一张照片的绝对定位的位置、旋转角度、扭曲角度等。

```
.ya1 {
    top:120px;
    left:320px;
    -webkit - transform: rotate( -20deg) skewX( -30deg);
    -moz - transform: rotate( -20deg) skewX( -30deg);
    transform: rotate( -20deg) skewX( -30deg);
}
.ya2 {
    top:200px;
    left:450px;
    -webkit - transform: rotate(20deg) skewY( -25deg);
    -moz - transform: rotate(20deg) skewY( -25deg);
    transform: rotate(20deg) skewY( -25deg);
}
.ya3 {
    top:200px;
    left:200px;
    transform: rotate(20deg) skewx(30deg);
    -moz - transform: rotate(20deg) skewx(30deg);
    -webkit - transform: rotate(20deg) skewx(30deg);
}
.ya4 {
    top:350px ;
    left:210px;
    transform: rotate(30deg) skewY( -30deg);
    -moz - transform: rotate(30deg) skewY( -30deg);
    -webkit - transform: rotate(30deg) skewY( -30deg);
}
.ya5 {
    top:350px;
    left:400px;
    -webkit - transform: rotate( -20deg) skewY(25deg);
    -moz - transform: rotate( -20deg) skew(25deg);
    transform: rotate( -20deg) skew(25deg);
}
```

```
.con.ya6{
    top:250px;
    left:300px;
    border - radius:50% ;
            }
```

5）将鼠标指针移动到某一张照片上时，此照片由倾斜、扭曲的状态缓慢旋转成端正状态，并且设置 zindex 属性，让它放大显示在最上层。

```
.con img:hover{
    box - shadow:10px 10px 15px rgba(100,100,50,0.4);
    -webkit - transform:rotate(0deg) scale(1.20);
    -moz - transform:rotate(0deg) scale(1.20);
    transform:rotate(0deg) scale(1.20);
    border - radius:50% ;
    z - index:99;
        }
```

本章小结

本章介绍了 CSS3 新增的一些属性，包括分列布局 column 属性、文字阴影 text-shadow 属性、盒子阴影 box-shadow 属性、圆角边框 border-radius 属性、变形 transform 属性，以及制作动画的两个属性，即 transition、animation 属性，详细地讲解了这些属性的语法、功能、浏览器的支持情况，并给出了相应案例。最后综合利用这些属性制作了照片墙。

【动手实践】

1. 利用 CSS3 属性制作校园风光的照片墙，照片墙的形状可以自己设计。要求有交互的效果。

2. 利用 animation 属性制作进度条从 0 ~ 100% 的效果图，如图 10 - 31 所示。

图 10 - 31   【动手实践】题 2 图

【思考题】

1. 浏览器对 CSS3 新增属性的支持性如何？它们各自的私有前缀是什么？

2. transition 属性和 animation 属性区别在哪里？

3. 想想如何利用 border-radius 属性实现半圆的效果。

第 11 章

响应式 Web 设计原理

前面我们学习的网页设计主要针对 PC 端，随着移动互联网的发展，越来越多的智能移动设备加入到互联网中，移动互联网成为 Internet 的重要组成部分。如何让网页适应不同的终端设备，在不同的终端上显示相同的效果，这就是响应式设计要解决的问题。响应式设计，可以针对不同的终端显示出合理的页面，实现一次开发、多处适用。它可以整合从桌面到手机的各种屏幕尺寸和分辨率，使网页适应从小到大（现在到超大）的不同分辨率的屏幕。

> **学习目标**
>
> 1. 了解视口的概念
> 2. 掌握 CSS3 媒体查询的使用
> 3. 掌握百分比布局，能用百分比布局设计页面
> 4. 掌握弹性盒布局，能用弹性盒布局设计页面

11.1 视口概述

11.1.1 响应式设计的网站

先来看一个响应式设计的网站。打开苹果公司的网站，在 PC 端看到的效果如图 11 - 1 所示。

在手机端打开，看到的效果如图 11 - 2 所示。

由图 11 - 1 和图 11 - 2 可以看到，随着屏幕变小，菜单折叠了，变成了汉堡菜单，内容由原来的两栏显示变为了一栏显示，字体和图片相应地进行了调整，但内容没变，总体效果也没变，这就是响应式 Web 设计。学习响应式设计，我们要掌握如下原理。

图 11－1　PC 端效果   图 11－2　手机端效果

11.1.2　什么是视口

手机屏幕的分辨率不同，内容显示的宽度及高度就不同，同一张图片在不同的手机上显示的位置和大小在视觉上也存在着差异，我们需要在不同设备上进行适配，使得相同的网页在不同屏幕上显示的效果一致，这就是视口要解决的问题。

视口（Viewport）是虚拟的窗口，是移动前端开发中一个非常重要的概念，最早由 Apple 公司提出，为的是让 iPhone 的小屏幕尽可能完整地显示网页。不管网页原始的分辨率是多大，都能将其缩小显示在手机浏览器上。

在 PC 端，视口指的是浏览器的可视区域，其宽度和浏览器窗口的宽度保持一致。

移动端则较为复杂，它涉及 3 个视口：布局视口（Layout Viewport）、视觉视口（Visual Viewport）和理想视口（Ideal Viewport）。

1. 布局视口

移动端浏览器的通常宽度是 240～640px，而大多数为 PC 端设计的网站宽度至少为 800px，如果仍以浏览器窗口作为视口的话，网站内容在手机上看起来会非常窄。

移动端浏览器厂商必须保证即使在窄屏幕下网页的页面也可以很好地展示，因此厂商将视口的宽度设计得比屏幕宽度宽出很多。这样在移动端，视口与移动端浏览器的屏幕宽度就不再关联，而是完全独立的，我们称它为布局视口，如图 11－3 所示。在这种情况下，一般通过手动缩放网页来查看网页的内容。

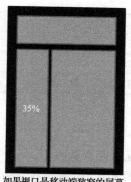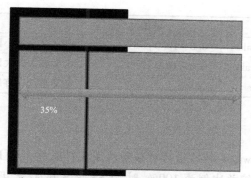

| 如果视口是移动端狭窄的屏幕，那么网站会在水平方向被挤扁，通常看起来很丑 | 移动浏览器将视口设计得比屏幕宽度宽出很多，视口与移动浏览器屏幕宽度不再相关联，而是完全独立的，我们称为布局视口。CSS布局会根据它来计算并被约束 |

图 11-3 布局视口

2. 视觉视口

视觉视口是用户当前看到的区域，用户可以通过缩放操作视觉视口，同时不会影响布局视口，布局视口还保持着原来的宽度。图 11-4 中的箭头代表视觉视口。

3. 理想视口

布局视口的默认宽度并不是一个理想的宽度，显然用户希望在进入页面时可以不需要缩放就有一个理想的浏览和阅读尺寸。于是 Apple 和其他浏览器厂商引入了理想视口的概念，它对设备而言是最理想的布局视口尺寸。显示在理想视口中的网站具有最理想的宽度，用户无须进行缩放。定义理想视口是浏览器的工作，只要在 HTML 文档中加入如下代码即可：

```
<meta name = "viewport" content = "width
= device - width" >
```

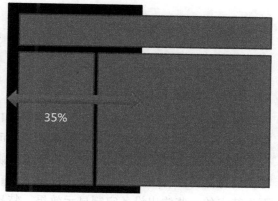

图 11-4 视觉视口

该语句通知浏览器布局视口的宽度应该和理想视口的宽度一致。

11.1.3 视口的设置

利用 meta 标签来进行布局视口等于理想视口的设置。语法格式如下：

```
<meta name = "viewport" content = "user - scalable = no, width = device - width,
initial - scale =1.0, maximum - scale =1.0" >
```

表 11-1 所示是对每个属性的详细说明。

表 11-1 视口属性列表

属性名	取值	描述
width	device-width	定义视口的宽度等于设备的宽度
initial-scale	[0.0 – 10.0]	定义初始缩放值

（续）

属性名	取值	描述
minimum-scale	[0.0 - 10.0]	定义缩小最小比例，可省略
maximum-scale	[0.0 - 10.0]	定义放大最大比例，可省略
user-scalable	yes/no	定义是否允许用户手动缩放页面，默认值 yes

说明：

- viewport 属性值只对移动端浏览器有效，对 PC 端浏览器是无效的；
- 当缩放比例为 100% 时，CSS 像素宽度 = 理想视口的宽度 = 布局视口的宽度；
- 单独设置 initial-scale 或 width 都会有兼容性问题，所以设置布局视口为理想视口的最佳方法是同时设置这两个属性；
- 即使设置了 user-scalable = no，在 Android Chrome 浏览器中也可以强制启用手动缩放。

11.2 媒体查询

11.2.1 什么是媒体查询

在 CSS3 规范中，媒体查询可以根据视口宽度、设备方向等差异来改变页面的显示方式，可以对不同的媒体类型定义不同的样式，也可以对不同的屏幕尺寸设置不同的样式。

媒体查询由媒体类型和一个或多个检测媒体特性的条件表达式组成。媒体查询中可用于检测的媒体特性有 width 、height 和 color 等。使用媒体查询，可以在不改变页面内容的情况下为特定的一些输出设备定制显示效果。特别是针对响应式 Web 设计，@ media 是非常有用的。在重置浏览器大小的过程中，页面也会根据浏览器的宽度和高度重新渲染。

11.2.2 媒体查询的使用

媒体查询语句由媒体类型和条件表达式组成，使用 @ media 查询，用户可以对不同的媒体类型定义不同的样式。语法格式如下：

```
@ media mediatype and |not |only (media feature) {
    CSS - Code;
}
```

说明：

1）媒体类型（media type）。

all——所有设备。

screen ——用于计算机屏幕、平板电脑、智能手机等。

print ——用于打印机和打印预览。

speech ——应用于屏幕阅读器等发声设备。

2) 媒体功能 (media feature)。

max-width——定义输出设备中的页面最大可见区域宽度。

min-width ——定义输出设备中的页面最小可见区域宽度。

max-height ——定义输出设备中的页面最大可见区域高度。

min-height ——定义输出设备中的页面最小可见区域高度。

orientation ——定义输出设备中的页面方向，指定了设备处于横屏模式还是竖屏模式。
portrait（竖屏）：指定输出设备中的页面可见区域高度大于或等于宽度；landscape（横屏）：
除使用 portrait 的情况外，都使用 landscape。

浏览器支持性如图 11-5 所示。

Rule					
@media	21	9	3.5	4.0	9

图 11-5　media 浏览器支持性

图 11-5 中的数字表示支持 @media 规则的浏览器的第一个版本号。

下面介绍媒体查询的几种使用方法。

1. 最大宽度 max-width

"max-width" 是媒体特性中最常用的一个特性，是指媒体类型小于或等于指定的宽度时
样式生效。

demo11-1. html:

```
<! DOCTYPE html >
<html >
  <head >
  <meta charset = "UTF-8" >
  <meta name = "viewport" content = "user-scalable = no, width = device-width,
initial-scale =1.0, maximum-scale =1.0" >
  <title >media-max-width </title >
        <style >
        body{
        font-size:100% ;
        }
        /* 屏幕宽度大于1200px 时,body 的背景色和字体大小 */
        @ media only screen and (min-width:1200px ) {
            body{background:#999;
            font-size: 2.5em;}
        }
        /* 屏幕宽度小于1200px 时,body 的背景色和字体大小 */
        @ media only screen and (max-width: 1200px) {
            body{background:#00f;
            font-size: 2em;}
        }
        /* 屏幕宽度小于992px 时,body 的背景色和字体大小 */
```

```
        @ media only screen and  (max - width:992px) {
            body{background: #0f0;
            font - size:1.5em;
            }
        }
    /* 屏幕宽度小于768px 时,body 的背景色和字体大小 */
        @ media only screen and (max - width:768px) {
            body{background: #f00;
            font - size: 1em;
            }
        }
    /* 屏幕宽度小于640px 时,body 的背景色和字体大小 */
        @ media only screen and (max - width:640px) {
            body{background:#ff0;
            font - size: 0.8em;}
        }
    < /style >
    < /head >
    < body >
        < p > good morning < /p >
    < /body >
```

随着屏幕由最大变到最小，背景色由蓝色到绿色再到红色，最后为黄色。字体大小由 2em 变到 0.8em。

2. 最小宽度 min-width

"min-width" 与 "max-width" 相反，指的是媒体类型大于或等于指定宽度时样式生效。 将 demo11 - 1. html 改写成如下的 demo11 - 2. html：

```
<! DOCTYPE html >
<html >
    < head >
        < meta charset = "UTF - 8 " >
        < meta name = "viewport"   content = "user - scalable = no, width = device -
width,initial - scale =1.0, maximum - scale =1.0 " >
    < title >media - min < /title >
    < /head >
    < style type = "text/css" >
        body{
            font - family: "微软雅黑";
            font - size: 16px;
            }
    /* 屏幕宽度大于320px 时,body 的背景色和字体大小 */
        @ media only screen and (min - width: 320px) {
            body{
                font - size:0.8em;
                background:#ff0;
                }
        }
```

```
    }
    /* 屏幕宽度大于 640px 时,body 的背景色和字体大小 */
    @ media only screen and (min -width: 640px)  {
        body{
            font -size:1em;
            background:#f00;
        }
    }
    /* 屏幕宽度大于 992px 时,body 的背景色和字体大小 */
    @ media only screen and (min -width: 992px)  {
        body{
            font -size:1.5em;
            background:#0f0;
        }    }
    /* 屏幕宽度大于 1200px 时,body 的背景色和字体大小 */
    @ media only screen and (min -width: 1200px) {
        body{
            font -size: 2em;
            background: #00f;
        }
    }
}
    </style >
    <body >
    <h2 >GOOD MORNING < /h2 >
    < /body >
< /html >
```

3. 多个媒体特性的使用

Media Query 可以使用关键词 "and" 将多个媒体特性结合在一起。也就是说,一个 Media Query 中可以包含零到多个表达式,表达式又可以包含零到多个关键字,以及一种媒体类型。

例如,将 demo11 -2. html 改成如下的 demo11 -3. html:

```
<! DOCTYPE HTML >
<html >
  <head >
   <meta charset = "UTF -8 " >
   <title >media -min -max < /title >
   <style >
   body{
     font -size:100% ;
   }
   /*屏幕宽度大于 320px 小于 640px 时,body 的背景色和字体大小 */
   @ media only screen and (min -width:320px)and(max -width:640px){
     body{background:#ff0;
     font -size:0.8em;
   }
```

```
    }
    /*屏幕宽度大于640px小于992px时,body的背景色和字体大小*/
    @media only screen and (min-width:640px)and(max-width:992px){
      body{background:#0f0;
      font-size:1.5em;}
    }
    /*屏幕宽度大于992px小于1100px时,body的背景色和字体大小*/
    @media only screen and (min-width:992px)and(max-width:1100px){
      body{background:#00f;
      font-size:2em;
      }
    }
    /*屏幕宽度大于1100px时,body的背景色和字体大小*/
    @media only screen and (min-width:1100px){
      body{background:#999;
      font-size:2.5em;
      }
    }
  </style>
  </head>
  <body>
    <p>good morning</p>
  </body>
</html>
```

11.2.3 汉堡菜单

随着移动平台浏览量的增长越来越快，网站为了增强移动平台的浏览体验，大部分响应式网页都喜欢采用汉堡菜单这种形式来展示网站的导航。

例如，在 PC 端看到的导航条效果如图 11 - 6 所示。

首页　　茶艺　　茶道　　茶器　　茶韵

图 11 - 6　PC 端导航条效果

在移动端看到的导航条效果如图 11 - 7 所示。

图 11 - 7　移动端导航条效果

下面我们来学习汉堡菜单的制作。详见代码汉堡菜单. html。

1. 搭建 HTML 文档结构

```
<body>
  <header>
    <nav>
```

```
    <input type = "checkbox"  id = "togglebox"/>
    <ul >
      <li > <a href = "#" >首页 </a > </li >
      <li > <a href = "#" >茶艺 </a > </li >
      <li > <a href = "#" >茶道 </a > </li >
      <li > <a href = "#" >茶器 </a > </li >
      <li > <a href = "#" >茶韵 </a > </li >
    </ul >
  <label for = "togglebox" class = "menu" >
    <img src = "images/menu.png" alt = "" />
  </label >
  </nav >
</header >
</body >
```

汉堡菜单的按钮是利用复选框控件来实现的，这里利用一个 label 标记和 input 绑定，并给该 label 取类名为 menu。

2. 设置公共样式

```
html,body,ul,li,img,a,input,label{
    margin:0px;
    padding:0px;
    border:none;
}
ul,li{list - style:none;
}
a{text - decoration:none;
}
```

3. 设置导航条的样式

```
header{
  background:#159400;
  color:#fff;
  padding:33px 15px;
  position:relative;
}
header nav{
  margin:0 auto;
  padding:0 15px;
}
nav ul li{
  display:inline - block;
  margin:0 30px;
}
na vu ll ia{
  color:#fff;
  font - size:1.2em;
```

```
      font-weight:500;
   }
nav ul li a:hover{
   color:#000;

   }
input[type="checkbox"],.menu{
   position:absolute;
   top:11px;
   left:1.25%;
   display:none;
   }
```

把父元素设置为相对定位，把复选框和汉堡图标设置成绝对定位。

4. 设置媒体查询语句

```
@ media only screen and (max-width:640px){
   nav ul{
      display:none;
      }
   .menu{
      display:block;
      cursor:pointer;
      }
   input[type="checkbox"]:checked~ul{
      display:block;
      }
   nav ul li{
   display:block;
   width:100%;
   text-align: center;
   padding:5px 0;
      }
   }
```

11.3   百分比布局

11.3.1   图像自适应

在响应式设计中，图像要随着屏幕的缩放而自动缩放。如何解决这个问题呢？较简单的
方法就是把图像的 width 设置成 max-width，代码如下：

```
.img {
display: inline-block;
```

```
height: auto;
max-width:100% ;
}
```

把图像的 display 属性设置为 inline-block，元素相对于它周围的内容以内联形式呈现，但与内联不同的是，这种情况下可以设置宽度和高度。

设置 height: auto，相关元素的高度取决于浏览器。

设置 max-width 为 100%，这样就会重写任何通过 width 属性指定的宽度。这能让图像在响应式设计中自适应大小。

 提示：以上代码对页面中的视频、元素也同样适用。

11.3.2 文字自适应

在响应式设计的页面中，字体大小能随着屏幕的大小改变而自适应。设置字体常用的单位是 px 或 em。

px: 像素，是相对长度单位。像素是相对于显示器屏幕分辨率而言的。

em: 是相对长度单位。参照物为父元素的字体大小。

在 CSS3 中引进了一个新的相对单位 rem，它的参照物是 HTML 根元素。通过它既可以做到只修改根元素就可成比例地调整所有字体大小，又可以避免字体大小逐层复合的连锁反应。IE 9 以上的浏览器和 Chrome 内核的浏览器都支持该属性。

所有浏览器的默认字体都是 16px，所有未经调整的浏览器都符合 16px = 1em = 1rem，那么 10px = 0.625em = 0.625rem。为了简化 font-size 的换算，需要在 CSS 中的 HTML 选择器中声明 font-size = 62.5%，这就使 rem 值变为 16px × 62.5% = 10px，即 10px = 1rem，也就是说，只需要将原来的 px 数值除以 10，就可以换算成 rem。

```
Html,body{
font-size:62.5%
}
```

11.3.3 布局百分比

由于媒体查询只能针对某几个特定阶段的视口，在捕捉到下一个视口前，页面的布局是不会变化的，这样会影响页面的显示，同时也无法兼容日益增多的各种设备，所以，想要做出真正灵活的页面，还需要用百分比布局代替固定布局，并且使用媒体查询限制范围。

固定布局可以换算为百分比宽度，来实现百分比布局。

换算公式为目标元素宽度/父盒子宽度 = 百分数宽度。

下面用百分比来实现一个二列的布局，在宽度小于 640px 时，从二列变为一列的布局形式。

demo11 - 4. html：

```
<! DOCTYPE HTML >
<html >
  <head >
```

```
<meta charset = "UTF - 8">
<title>百分比布局</title>
<style>
html,body{
  width:100%;
  height:100%;
}
body > *{
  border:1px solid #159400;
  margin - bottom:10px;
  box - sizing:border - box;
  width:100%;
  padding:5px;
}
.header{
  height:100px;
}
.nav{
  height:40px;
}
/*通过 float 属性实现二列布局*/
.aside{
  width:30%;
  float:left;
  height:400px;
}
.contain{
  width:70%;
  float:right;
  height:400px;
}
.footer{
  clear:both;
  height:80px;
}
/*宽度小于 640px,取消浮动,将 width 设置为100%,变为一列布局*/
@ media only screen and (max - width:640px){
  .aside{
    width:100%;
    float:none;
    height:200px;
  }
  .contain{
    width:100%;
    float:none;
  }
}
</style>
```

```
</head>
<body>
  <header class = "header" >头部</header>
  <nav class = "nav" >导航</nav>
  <aside class = "aside" >侧边</aside>
  <div class = "contain" >主体</div>
  <footer class = "footer" >页脚</footer>
</body>
</html>
```

11.4　弹性盒布局

前面用百分比布局与媒体查询实现了响应式设计，CSS3 提供了弹性盒模型，利用它可以轻松地创建响应式网页布局，为盒状模型增加灵活性。

引入弹性盒布局模型的目的是提供一种更加有效的方式来对一个容器中的项目进行排列、对齐和分配空白空间。即便容器中项目的尺寸未知或是动态变化的，弹性盒布局模型也能正常工作。在该布局模型中，容器会根据布局的需要，调整其中包含的项目的尺寸和顺序来最好地填充所有可用的空间。当容器的尺寸由于屏幕大小或窗口尺寸发生变化时，其中包含的项目也会被动态地调整。比如当容器尺寸变大时，其中包含的项目会被拉伸以占满多余的空白空间；当容器尺寸变小时，项目会被缩小以防止超出容器的范围。弹性盒布局是与方向无关的。在传统的布局方式中，block 布局是将块在垂直方向从上到下依次排列的；而 inline 布局则是在水平方向来排列的。弹性盒布局并没有这样内在的方向限制，可以由开发人员自由操作。

浏览器的支持性见表 11 - 2。

表 11 - 2　支持弹性盒模型的浏览器

属性					
Basic support （single-line flexbox）	29.0 21.0-webkit-	11.0	22.0 18.0-moz-	6.1 -webkit-	11.1 -webkit-
Multi-line flexbox	29.0 21.0 -webkit-	11.0	28.0	6.1 -webkit-	17.0 15.0 -webkit- 11.1

注：表格中的数字表示支持该属性的浏览器的第一个版本号。

11.4.1　如何定义弹性盒模型

把 display 属性的值设置为 flex 或 inline-flex，则容器为弹性容器。弹性盒模型由弹性容器（Flex Container）、弹性子元素（Flex Item）和轴 3 部分组成，如图 11 - 8 所示。

说明：

- 主轴（Main Axis）：容器的水平轴（x 轴）。

- 交叉轴（Cross Axis）：容器的垂直轴（y 轴）。
- Main Start：x 轴的开始位置，即与边框的交叉点。
- Main End：x 轴的结束位置。
- Cross Start：y 轴的开始位置。
- Cross End：y 轴的结束位置。
- Main Size：单个项目占据的 x 轴空间尺寸（项目默认沿主轴排列）。
- Cross Size：单个项目占据的 y 轴空间尺寸。

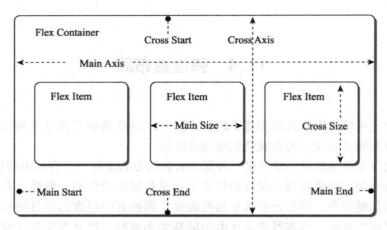

图 11-8　弹性盒模型

提示：1）弹性容器内的子元素为弹性子元素，可以包含一个或多个弹性子元素。

　　　2）弹性容器外及弹性子元素内是正常渲染的。

　　　3）弹性盒子只定义了弹性子元素如何在弹性容器内布局。

　　　4）弹性子元素通常在弹性盒子内的一行显示。默认情况下，每个容器只有一行。

11.4.2　弹性盒模型中的容器属性

1）flex-direction：设置容器内元素的排列方向。

语法格式：

```
flex-direction:row |row-reverse |column |column-reverse
```

说明：

row：弹性盒子元素按 x 轴方向顺序排列，默认值。

row-reverse：弹性盒子元素按 x 轴方向逆序排列。

column：弹性盒子元素按 y 轴方向顺序排列。

column-reverse：弹性盒子元素按 y 轴方向逆序排列。

demo11-5.html：

```
<! DOCTYPE HTML >
<html lang = "en" >
<head >
<meta charset = "UTF-8" >
```

```
<title>弹性盒属性</title>
</head>
<style type = "text/css">
.container{
display: -webkit - flex;
display:flex;
flex - direction:row;
width:300px;
height:150px;
background - color:lightgrey;
    }

.item1,.item2,.item3{
background - color: yellow;
width:100px;
height:100px;
margin:10px;
}
    }
</style>
<body>
<div class = "container">
<div class = "item1">item 1</div>
<div class = "item2">item 2</div>
<div class = "item3">item 3</div>
</div>
</body>
</html>
```

效果如图 11 - 9 所示。

把 demo11 - 5. html 中的 "flex-direction：row；" 分别改为 row-reverse、column、column-reverse，则效果分别如图 11 - 10 ~ 图 11 - 12 所示。

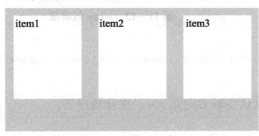

图 11 - 9　row 效果图

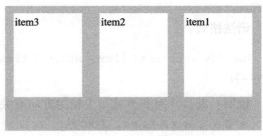

图 11 - 10　row-reverse 效果图

图 11 - 11　column 效果图

图 11 - 12　column-reverse 效果图

从以上内容可以看出，虽然定义了 3 个子盒子的宽度和高度，但弹性盒容器会自动重新计算子盒子的宽度和高度。

2）flex-wrap：用于设置弹性盒子的子元素换行方式。

语法格式：

```
flex – wrap: nowrap |wrap |wrap – reverse
```

说明：

nowrap（default）：不换行，默认值。

wrap：换行，第一行在上方。

wrap-reverse：换行，反转排列。

由于 flex-wrap 的默认值为 nowrap，把弹性容器的该属性设置为 wrap，demo11 – 5. html 中的部分代码改为：

```
.container{
display: – webkit – flex;
display:flex;
flex – direction:row;
flex – wrap:wrap;
width:300px;
height:150px;
background – color:lightgrey;
        }
```

则效果如图 11 – 13 所示。

第 3 个子元素换行显示，但溢出了。每个子元素的宽度和高度设置是有效的。

3）flex-flow：是 flex-direction 和 flex-wrap 的简写形式。默认为 "flex-flow：row nowrap"。

4）justify-content：定义项目在 x 轴方向上的对齐方式。

语法格式：

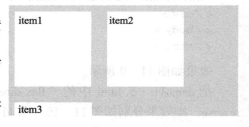

图 11 – 13　wrap 效果图

```
justify – content: flex – start |flex – end |center |space – between |space –
around;
```

说明：其具体对齐方式与主轴的方向有关，默认主轴方向是 row。在此情况下：

- flex-start（default）：左对齐。
- flex-end：右对齐。
- center：居中。
- space-between：两端对齐，项目之间的间隔相等。
- space-around：每个项目两侧的间隔相等，那么项目之间的间隔是项目与边框的间隔的两倍。

demo11 – 6. html：

```
<! DOCTYPE HTML >
```

```
<html lang = "en" >
<head >
<meta charset = "UTF - 8 " >
<title >弹性盒属性 </title >
</head >
<style type = "text/css" >
.container{
display: -webkit - flex;
display:flex;
flex - flow:row nowrap;
justify - content:flex - start;
width:500px;
height:150px;
background - color:lightgrey;
}
.item1,.item2,.item3 {
background - color: yellow;
width:100px;
height:100px;
margin:10px;
}
s}
</style >
<body >
<div class = "container" >
<div class = "item1" >item 1 </div >
<div class = "item2" >item 2 </div >
<div class = "item3" >item 3 </div >
</div >
</body >
</html >
```

分别把父容器的 justify-content 设置为 flex-start、flex-end、center、space-between、space-around，效果如图 11 - 14 ~ 图 11 - 18 所示。

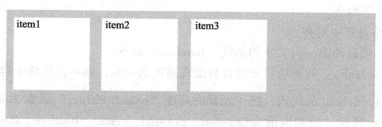

图 11 - 14　flex-start 效果图

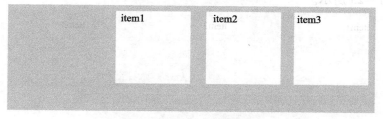

图 11 - 15　flex-end 效果图

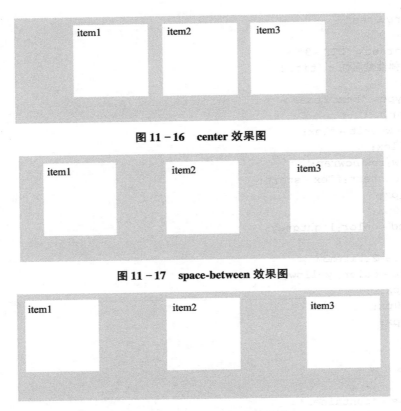

图 11 - 16   center 效果图

图 11 - 17   space-between 效果图

图 11 - 18   space-around 效果图

5）align-items：定义项目在 y 轴方向上的对齐方式（项目可能还是沿主轴排列的）。
语法格式：

```
align-items: flex-start | flex-end | center | baseline | stretch;
```

说明：其具体的对齐方式与交叉轴的方向有关。这里假设交叉轴是垂直方向。

- flex-start：上对齐。
- flex-end：下对齐。
- center：垂直居中对齐。
- baseline：项目的第一行文字的基线（baseline）对齐。
- stretch（default）：如果项目未设置高度或高度为 auto，则将占满整个容器的高度。

修改 demo11 - 6. html 的代码，把子元素的高度"height: 100px;"设置为 auto，在父容器中添加 align-items 属性，分别取值为 flex-start、flex-end、center、baseline、stretch，则效果如图 11 -19 ~ 图 11 -23 所示。

图 11 - 19   flex-start 效果图

图 11-20　flex-end 效果图

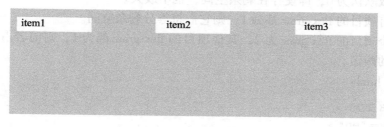

图 11-21　center 效果图

图 11-22　baseline 效果图

图 11-23　stretch 效果图

6）align-content：定义多行主轴的对齐方式。如果项目只有一行主轴，则该属性不起作用。
语法格式：

```
align - content: flex - start | flex - end | center | space - between | space - around
| stretch;
```

说明：
- flex-start：与交叉轴的起点对齐。
- flex-end：与交叉轴的终点对齐。
- center：与交叉轴的中点对齐。
- space-between：与交叉轴两端对齐，轴线之间的间隔平均分布。
- space-around：每根轴线两侧的间隔都相等。所以，轴线之间的间隔比轴线与边框的间隔大一倍。

- stretch（default）：轴线占满整个交叉轴。

11.4.3 弹性盒模型中子元素的属性

1）order：定义项目的排列顺序。数值越小，排列越靠前，默认值为 0，可以为负数。例如：

```
.item {
order: < integer > ;
}
```

order 属性值相等的项目按照书写顺序排列。

2）flex-grow：当存在剩余空间的时候，定义项目的放大倍数。

```
.item {
flex - grow: < number > ; /* default 0 */
}number 不能为负。
```

- 放大倍数默认为 0，即使存在剩余空间，也不放大。
- 如果所有项目的 flex-grow 都为 1，则它们将等分剩余空间。
- 如果一个项目的 flex-grow 为 2，其他项目的 flex-grow 都为 1，则前者占据的剩余空间是后者的两倍。

demo11 - 7. html：

```
<! DOCTYPE HTML >
<html lang = "en" >
<head >
<meta charset = "UTF - 8" >
<title >弹性盒属性 </title >
</head >
<style type = "text/css" >
.container{
display: - webkit - flex;
display:flex;
flex - flow:row nowrap;
justify - content:space - between;
align - items:stretch;
width:100% ;
height:150px;
background - color:lightgrey;
  }
.item1,.item2,.item3{
background - color: yellow;
/*  width: 100px; */
/*  height: 100px; */
margin:10px;
}
/*第 1 个子元素排列在最后,宽度占 3 份 */
.item1{
```

```
    order:3;
    flex - grow:3;
}
/*第 2 个子元素排列在中间,宽度占 2 份 * /
.item2{
    order:2;
    flex - grow:2;
}
/*第 3 个子元素排列在最前,宽度占 1 份 * /
.item3{
    order:1;
    flex - grow:1;
}
</style>
<body>
<div class = "container">
<div class = "item1">item 1</div>
<div class = "item2">item 2</div>
<div class = "item3">item 3</div>
</div>
</body>
</html>
```

效果如图 11 - 24 所示。

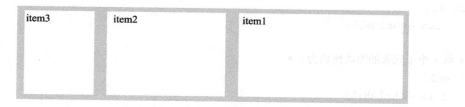

图 11 - 24　order 和 flex-grow 属性效果图

从图 11 - 24 可以看出,外围的 div 宽度为 100%,3 个子盒子分别占据 1、2、3 份,并随着窗口的改变而改变,但占比不变。

3) flex-shrink:当所有项目的默认宽度之和大于容器时,定义项目的缩小比例。

```
.item {
flex - shrink: < number >;
}
```

number 不能为负。

● 默认值为 1,即如果空间不足,项目将缩小。

● 如果所有项目的 flex-shrink 都为 1,则当空间不足时它们都将等比例缩小。

● 如果一个项目的 flex-shrink 为 0,其他项目的 flex-shrink 都为 1,则当空间不足时前者不缩小,后者缩小。

demo11 - 8. html:

```html
<! DOCTYPE HTML >
<html lang = "en" >
<head >
<meta charset = "UTF - 8" >
<title >弹性盒元素属性</title >
</head >
<style type = "text/css" >
.container{
display: -webkit - flex;
display:flex;
flex - flow:row nowrap;
justify - content:space - between;
    align - items:stretch;
width:300px;
height:150px;
background - color:lightgrey;
    }
.item1,.item2,.item3{
background - color: yellow;
width:100px;
margin:10px;
}
/*第 1 个子元素不缩放 */
.item1{
    flex - shrink:0;
}
/*第 2 个子元素的缩放比例为 1 */
.item2{
    flex - shrink:1;
}
/*第 3 个子元素的缩放比例为 2 */
.item3{
    flex - shrink:2;
}
</style >
<body >
<div class = "container" >
<div class = "item1" >item 1 </div >
<div class = "item2" >item 2 </div >
<div class = "item3" >item 3 </div >
</div >
</body >
</html >
```

效果如图 11 - 25 所示。

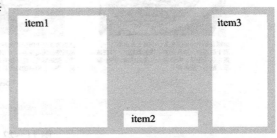

图 11 - 25　**flex-shrink 效果图**

3 个子盒子的宽度加上外边距超过了父盒子的宽度 300px，则 3 个子盒子按比例缩放。

4）flex-basis：定义了项目在主轴方向的初始大小。如果不使用 box-sizing 来改变盒模型，那么这个属性就决定了 flex 元素的内容盒（content-box）的宽或者高（取决于主轴的方向）的尺寸大小。浏览器会根据这个属性计算主轴是否有多余空间。

```
.item{
flex - basis: < length > |auto;
}
```

● length：它可以设置为跟 width 或 height 属性一样的值（如 200px），则项目将占据固定空间。

● auto：默认值，项目的本来大小。

5）flex：是 flex-grow、flex-shrink 和 flex-basis 的简写，默认值为 0、1、auto。flex-shrink 和 flex-basis 属性可选。

```
.item{
flex: none |[ <'flex - grow'> <'flex - shrink'>? || <'flex - basis'> ]
}
```

● 该属性有两个快捷值：auto（1、1、auto）和 none（0、0、auto）。

● 建议优先使用 flex 属性，而不是单独写 3 个分离的属性，因为浏览器会推算相关值。

6）align-self：允许单个项目有与其他项目不一样的对齐方式，可覆盖 align-items 属性，默认值为 auto。

```
.item{
align - self: auto |flex - start |flex - end |center |baseline |stretch;
}
```

● auto（默认值）：与父元素的 align-items 一致，如果没有父元素，则等同于 stretch。

● flex-start | flex-end | center | baseline | stretch：与 align-items 属性完全一致。

例如在 demo11 - 8. html 中把 item2 的样式修改为：

```
.item2{
    flex - shrink: 1;
    align - self: flex - end;
}
```

则效果如图 11 - 26 所示。

图 11 - 26　**align-self 效果图**

提示：1）弹性容器的每一个子元素变为一个弹性子元素，弹性容器直接包含的文本变为匿名的弹性子元素。

2）CSS3 中的多列布局中的 column－*属性对弹性子元素无效。

3）CSS3 中的 float 和 clear 对弹性子元素无效。使用 float 会导致 display 属性计算为 block。。

4）vertical-align 属性对弹性子元素的对齐无效。

11.5　响应式设计案例

11.5.1　案例分析

利用前面所学的知识来实现一个响应式页面案例。页面的主题是茶文化，设置了 4 个栏目，在 PC 端的效果如图 11－27 所示。

图 11－27　PC 端效果

将浏览器窗口缩小到移动设备大小，页面效果如图 11 – 28 所示。

图 11 – 28 移动端效果

这里用到的技术主要有汉堡菜单、弹性盒布局、媒体查询等。页面布局结构如图11 – 29 所示。

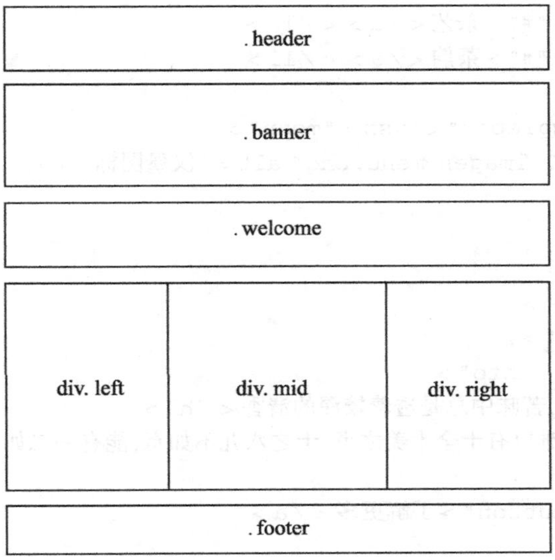

```
. header

. banner

. welcome

div. left      div. mid      div. right

. footer
```

图 11 – 29 页面布局结构

案例技术分析：

1）. header 类为导航，设置媒体查询在小于等于 640px 时为汉堡菜单。

2）. banner 类为广告区域，放置广告背景图和广告信息等，分别在小于等于 768px 和小于等于 640px 时，改变广告信息区域大小和字体大小、边距等，以适应屏幕的宽度。

3）. welcome 类为店铺欢迎语。

4）. con 类为内容区域，设置为弹性盒容器，其中 3 个子元素 div. left 、div. mid 、div. right 为弹性元素，在 PC 端按横轴方向顺序排序，使用媒体查询，在浏览器窗口小于或等于 640px 时，子元素按纵轴方向排列。

5）. footer 为页脚。

11.5.2 分析 HTML 文档结构

对页面结构进行分析后，接下来我们编写代码，先搭建好如下的 HTML 文档 demo11 - 9. html。

```html
<! DOCTYPE HTML >
<html >
  <head >
    <meta charset = "UTF -8" >
    <title >响应式网页 - - -茶音 </title >
  </head >
  <body >
    <! - -汉堡菜单 - - >
    <header class = "header" >
      <nav >
      <input type = "checkbox" id = "togglebox" />
      <ul >
        <li > <a href = "index.html" >首页 </a > </li >
        <li > <a href = "#" >茶道 </a > </li >
        <li > <a href = "#" >茶艺 </a > </li >
        <li > <a href = "#" >茶韵 </a > </li >
      </ul >
      <label for = "togglebox" class = "menu" >
        <img src = "0701/images/menu.png" alt = "汉堡图标" />
      </label >
      </nav >
    </header >
    <! - -广告 banner - - >
    <div class = "banner" >
    <div class = "banner -info" >
<h3 >好茶常有淡淡的苦味,苦味中总是透着较深的清香 </h3 >
<p >人生常常如美中含苦,难以有十全十美之事,十之八九不如意,能有一二如意事,便也足矣,不如意便是
生活的苦味。 </p >
<a href = "#" class = "button" >了解更多 </a >
    </div >
    </div >
    <! - -welcome - - >
```

```
<div class = "welcome" >
        <h2 > Welcome < /h2 >
        <hrclass = "line" >
        <span > 来到茶语小铺 < /span >
    </div >
    <! - - 主体内容 - - >
  <div class = "con" >
    <div class = "left" >
      <div class = "box - item" >
        <img src = "images/碧螺春 .jpg" alt = "" >
        <p >碧螺春是中国传统名茶,中国十大名茶之一,属于绿茶类,炒成后的干茶条索紧结,白毫显
露,色泽银绿,翠碧诱人,卷曲成螺,产于春季,故名"碧螺春"。 < /p >
        <a href = "#" class = "button1" >Detail < /a >
      </div >
    </div >
    <div class = "mid" >
      <div class = "box - item" >
        <img src = "images/君山银针 .jpg" alt = "" >
        <p >君山银针是中国名茶之一,属于黄茶,成品茶芽头苗壮,长短大小均匀,茶芽内面呈金黄色,外层
白毫显露完整,而且包裹坚实,茶芽外形很像一根根银针,雅称"金镶玉"。 < /p >
        <a href = "#" class = "button1" >Detail < /a >
      </div >
    </div >
    <div class = "right" >
      <div class = "box - item" >
      <img src = "images/黄山毛峰 .jpg" alt = "" >
        <p >武夷岩茶是中国传统名茶,是具有岩韵(岩骨花香)品质特征的乌龙茶。武夷岩茶的形态特征:
叶端扭曲,似蜻蜓头,色泽铁青带褐油润,内质活、甘、清、香,有明显的岩骨花香。 < /p >
        <a href = "#" class = "button1" >Detail < /a >
      </div >
    </div >
  </div >
  <footer class = "footer" >&copy;版权所有——中华茶文化公司 < /footer >
  </body >
</html >
```

11.5.3 编写 CSS 样式文件

接下来编写 CSS 样式文件 demo11 - 9. css,先写公共部分样式。

1. 公共样式

```css
/*公共样式*/
body,p,ul,li,dl,dt,dd,h1,h2,h3,h4,img{
    margin:0;
    padding:0;
    border:0;
    }
    ul,li{
```

```
            list - style - type:none;
            }
            html,body{
            width:100% ;
            height:100% ;
            font - size:62.5% ;
            background:#fff;
            font - family:'Roboto Slab', serif;
            }
    body a{
            text - decoration:none;
            color:# 000000;
            transition:0.5sall;
            }
    img{
            max - width:100% ;
            height:auto;
            }
```

在公共样式中，在 HTML 标签中设置了文字的大小、图像的自适应、取消链接的默认样式。

2. 汉堡菜单样式

```
/*汉堡菜单的样式*/
.header{
    background:#159400;
    padding:30px 15px;
    position:relative;
}
.header ul li{
display:inline - block;
margin:0 30px;
}
.header li a{
display:block;
color:#fff;
font - size:2rem;
}
.header li a:hover{
color:#000;
text - decoration:underline;
}
input[type = "checkbox"],.menu{
position:absolute;
top:10px;
left:1.5% ;
display:none;
}
```

3．.banner 样式

```
.banner{
     width:100% ;
     background:url(images/庐山云雾茶.jpg) no-repeat0px0px;
     background-size:cover;
     min-height:400px;
     overflow:hidden;
     }
     .banner-info{
     width:30% ;
     background:rgba(255,255,255,0.65);
     padding:30px;
     float:right;
     margin-top:100px;
     margin-bottom:50px;
     }
     .banner-info h3{
     font-family:'Droid Serif', serif;
     font-size:1.8rem;
     color:#159400;
     }
     .banner-info p{
     font-size:1.5rem;
     line-height:2rem;
     color:#000;
     margin:9px 0 15px;
     }
     .banner-info a{
     display:inline-block;
     padding:7px 15px;
     background:#159400;
     font-size:1.4rem;
     color:#fff;
     }
     a.button:hover
     {
     background:#6cd79c;
     text-decoration:underline;
          }
```

4．.welcome 样式

```
.welcome{
     padding:15px 20px 25px;
     background:rgba(250,250,250,0.65);
     text-align: center;
     font-size:2.5rem;
```

```
    }
    hr.line{
        max - width:100px;
        color:#000000;
        border - top:solid 5px #444;
        }
    .welcome span{
        font - size:1.6rem;
        color:#999;
        }
```

5. .con 样式

```
.con{
        display:flex;
        flex - flow:row;
    }
    .left{
        order:1;
        flex:0 1 auto;
    }
    .mid{
        order:3;
        flex:0 1 auto;
    }
    .right{
        order:2;
        flex:0 1 auto;
    }
    /* box - item 的样式 */
    .box - item{
        border:1px solid #ddd;
        padding:0 10px 15px;
        margin:15px;
        text - align: center;
        }
    .box - item p{
        line - height:1.8rem;
        font - size:1.5rem;
        padding:10px;
        text - align:left;
    }
    .box - item img{
        box - shadow:3px 4px 5px #ccc;
    }
    .box - item img:hover{
        opacity:0.5;
    }
```

```
a.button1{
    cursor:pointer;
    font-size:1.5rem;
    display:inline-block;
    background:seagreen;
    margin:10px 0;
    padding:5px 15px;
    color:#fff;
    -webkit-border-radius:4px;
    -moz-border-radius:4px;
    -khtml-border-radius:4px;
    border-radius:4px;
}
a.button1:hover{opacity:0.6;}
```

6. .footer 样式

```
.footer{
    padding:20px 15px ;
    background:#159400;
    text-align: center;
    font-size:1.4rem;
}
```

7. 媒体查询部分

```
/* 小于 768px,media 媒体查询 */
@ media only screen and (max-width:768px){
    nav ul li{
    display:inline-block;
    margin:0 20px;
    }
.banner{
min-height:360px;
    }
.banner-info{
width:40% ;
padding:10px;
margin-top:40px;
margin-bottom:20px;
}
.banner-info p{
font-size:1.5rem;
line-height:1.8rem;
color:#000;
margin:5px 0 10px;
}
.banner-info a{
display:inline-block;
```

```css
        padding:7px 10px;
        background:#159400;
        font-size:1.4rem;
        color:#fff;
        }
    }
/* 小于640px,media 媒体查询 */
@ media only screen and (max-width:640px){
        ul{
            display:none;
        }
        .menu{
            display:block;
        }
        input[type="checkbox"]:checked ~ ul{
            display:block ;
            }
        nav ul li{
            display:block;
            width:100% ;
            text-align: center;
            padding:5px0;
        }
        nav li a{
            font-size:1.4rem;
            }
.con{
flex-flow:column;
margin:auto;
}
.welcome{
  padding:10px 20px;
}
.banner{
min-height:300px;
    }
.banner-info{
width:50% ;
padding:10px;
margin-top:50px;
margin-bottom:20px;
text-align: center;
}
.banner-info h3{
font-size:1.8rem;
}
.banner-info p{
font-size:1.4rem;
```

```
line - height:1.8rem;
color:#000;
margin:5px 0 6px;
}
}
```

8. 最后通过 link 把 HTML 文档与 CSS 文件关联

```
< link rel = "stylesheet" href = "demo11 - 9.css" />
```

通过本案例，读者应该学会使用弹性盒布局实现响应式页面，掌握视口的设置，通过媒体查询对页面进行调整，保证页面平缓的变化。

本章小结

通过本章的学习，读者应掌握响应式设计的几个原理：通过视口的设置使得页面能适应不同终端的屏幕；使用弹性盒布局或百分比布局能实现页面由多列布局变成一列布局；通过设置媒体查询，使页面中的元素在不同的屏幕终端平缓地变化。读者应该反复练习，理解代码，最终达到设计并制作出响应式页面的目标。

【动手实践】

1. 制作汉堡菜单，在 PC 端的效果如图 11 - 30 所示，移动端效果如图 11 - 31 所示，Logo 图标和导航的栏目内容都可以自由选择。

图 11 - 30　汉堡菜单 PC 端效果

图 11 - 31　汉堡菜单移动端效果

2. 制作一个响应式页面，题材自选。要求符合如下条件：
- 实现汉堡菜单；
- 用弹性盒模型实现布局，在屏幕小于 640px 时变成一列布局；
- 在不同的视口设置媒体查询语句，修正页面中各元素的显示效果，使得元素平缓变化。

【思考题】

1. 什么是视口？移动端有哪几个视口？PC 端是否存在视口？
2. 弹性盒模型由哪几部分组成？它们各自有哪些属性？

第 12 章

综合案例

到目前为止，我们已经学习了 HTML 语法、CSS 核心原理、专题技术、响应式设计原理，知道如何运用这些知识制作导航，实现页面布局，美化文字、图像、表格、表单等。接下来，我们学习网站开发的流程，并结合上述知识点来讲解 Web 前端从设计到实现的过程。

> **学习目标**
>
> 1. 了解网站的开发流程
> 2. 了解 Web 前端设计的流程
> 3. 通过案例的分析与实现，能够综合运用所学的知识设计与制作网站

12.1　网站的开发流程

对于网站开发，应该遵循以下几个基本的操作步骤。

1. 确定网站主题及网站内容

首先，要想建一个网站，必须要明确的就是网站的主题，如教育、求职、电商、论坛、资讯、专业技术、某一行业等。

对内容的选择，要做到小而精，即主题定位要小，内容要精，不要去试图建设一个包罗万象的网站，这样往往失去了自己的特色，也会带来更多的工作，给网站的及时更新带来困难。

2. 选择好的域名

域名是网站在互联网上的名字，是网络的门牌号。在选取域名的时候，要遵循以下两个基本原则。

1) 域名应该简明易记。这是判断域名好坏最重要的因素，一个好的域名应该尽量短，并且顺口，方便大家记忆，最好让人看一眼就能记住，如 "baidu" "taobao"。

2) 域名要有一定的内涵和意义。用具有一定内涵和意义的词或词组（或汉语拼音）作为域名，既好记，又易于推广，例如，"百度" 取自 "梦里寻他千百度"，"网易" 来自 "上

网很容易"。

3. 选择服务器技术

在着手网站制作之前，要先确定使用哪种编程语言及数据库，选择哪种服务器技术。目前，网络上比较流行的主要有 PHP、JSP 等语言和 MySPL 等数据库。对于网站建设者来说，可以根据自身的情况，以及所掌握的专业知识，选择适合自己的服务器技术。

4. 确定网站结构

1）栏目与版块的编排。网站的题材确定后，就要对手中收集的材料进行合理编排、布局。版块也要合理安排与划分，版块要比栏目的概念大一些，每个版块都要有自己的栏目。

2）目录结构。目录的结构对网站的访问者没有什么太大的影响，但对站点本身的维护、以后内容的扩充和移植有着重要的影响，所以目录结构也要仔细考虑。

3）链接结构。网站的链接结构是指页面之间相互链接的拓扑结构。它是建立在目录结构之上的，但可以跨越目录结构。

5. 网站风格

网站风格是指网站的整体形象给浏览者的综合感受，这个整体形象包括站点的 CI（标志、色彩、字体、标语）、版面布局、浏览方式、交互性、文字、语气、内容价值等因素。根据网站的内容、定位选择不同的风格。

6. 数据库规化

网站需要什么规模的数据库，以及什么类型的数据库，这些确定之后，就可以设计数据库的结构了。数据库的结构和字段设计要严谨，需要用户学习相关的数据库专业知识。对于大型网站来讲，是由专职的数据架构师和数据库管理人员来设计的。

7. 后台开发

编写后台程序是网站开发的核心部分。编写网站后台程序需要处理大量复杂的逻辑问题，同时需要处理各种数据，在数据库中执行读取、写入库、修改、删除数据等操作。网站后台程序是网站的骨骼，骨骼是否强壮，直接影响日后网站的运行。

8. 前端开发

前端开发主要是指将网站的内容呈现到浏览者的眼中。前端开发的好坏与否直接影响用户对网站的体验。随着访客对网站易用性要求的增加，前端程序开发显得越来越重要了，大型网站或者项目都有专业的前端开发人员，以便更好地为用户服务。

9. 网站测试

网站测试与修改是必不可少的，因为任何一个软件的开发都是存在漏洞的，网站开发也同样如此。网站测试时，可以先在自己的主机上进行运行测试，也可以先上线，然后在运行过程中不断修改和完善。

10. 发布网站

网站建设完成之后就可以发布了，通过 FTP 软件上传到远程服务器上（对于初学者，一般会选择虚拟主机），然后为网站空间绑定域名，进行域名解析，这样人们就可以通过网址来访问网站了。

11. 网站推广

网站推广在网站运营过程中占据了重要的地位，网站链接到互联网上之后，如果不去宣传，别人是不会知道该网站的，同样也不会有人来访问该网站。推广方式是多种多样的，有付费的推广（如搜索引擎推广），也有免费的推广（如交换链接、社交网站推广等）。

12. 网站日常维护

网站内容不可能一成不变，要经常对网站内容进行更新，只有这样才可以带来更多的浏览者。

大型的网站建设是一个系统工程，涉及多人的分工合作。本书介绍的只是其中的一部分：前端的设计。下面通过案例来详细讲解前端页面从设计到开发、实现的过程。

12.2 Web 前端设计

12.2.1 Web 前端设计的流程

网站的前端设计要遵循的原则是 Web 标准，即页面的结构、表现形式、交互效果三者是分离的。遵循 Web 标准进行前端设计的流程如图 12 - 1 所示。

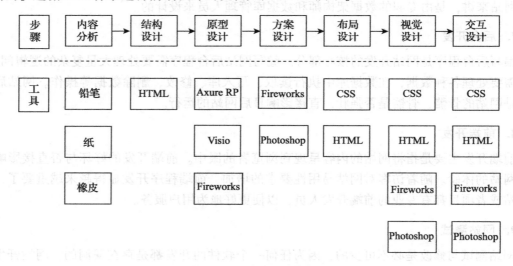

图 12 - 1 前端设计流程图

我们以一个案例来进行分析讲解。例如，网站的名称为"新余味道"，主要介绍、销售新余地区的各类美食，在 PC 端、平板计算机端、手机端的效果分别如图 12 - 2 ~ 图 12 - 4 所示。

特色/美食/特色菜

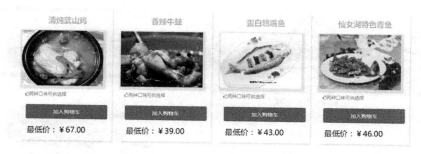

特色/美食/水果

新余/美食/特色

图 12-2　PC 端效果图

图 12－3　平板计算机端效果图　　　　图 12－4　手机端效果图

12.2.2　内容分析

　　根据客户给出的图片、文字、视频、音频等资料进行内容分析，明确网站的定位、面向的消费群体，由此明确网站栏目及各栏目的内容：各种信息的重要性、各种信息的组织架构等。确定网站名称和 Logo 标志。

　　以"新余美食街"网站为例，明确网站的定位为电商类网站，宗旨是在线销售新余的地方特产，由此确定网站主导航栏目，并给网站取名为"新余味道"。一般餐饮、电商类网站都是选用暖色系列，所以网站的 Logo 设计采用了"橙色"。

12.2.3　结构设计

　　分析页面的内容，使用 HTML 标签标记不同的信息元素。在搭建文档结构时应该注意以下几点：

　　1）标签的使用要正确，能明确标记信息元素。

　　2）代码中尽量先不出现布局标记，如 div 等（因为 div 不具有语义）。

　　3）根据内容的重要性，把重要的内容放在 HTML 文档前面，因为搜索引擎会更加重视靠近顶部的代码。

　　4）相同的栏目内容用相同的标签，有规律的文字可以采用列表来组织。

　　5）对于任何一个页面，应尽可能保证在不使用 CSS 的情况下，依然保持良好结构和可读性，即标准文件流的形式。

　　根据以上原则，案例的 HTML 文档结构如下。

　　标准结构文档 . html：

```
<! DOCTYPE HTML >
<html >
  <head >
    <meta charset = "UTF - 8" >
    <title >新余味道 </title >
    <link rel = "stylesheet" href = "css/font - awesome.min.css" />
  </head >
  <body >
    <body >
    <! - -页眉部分 - - >
    <header >
      <! - -次导航 - - >
      <div >
        <span >您好,欢迎来到新余美食街! </span >
      </div >
        <a href = "#" >登录|</a >
        <a href = "#" >注册 </a >
        <! - -搜索栏 - - >
        <div >
        <img src = "img/logo.jpg" alt = "" />
        <input type = "text" placeholder = "主食/小吃/饮料" />
        <input type = "button" value = "搜索" />
        </div >
```

```
<!--主导航 -->
<nav>
 <input type="checkbox" id="togglebox" />
 <ul>
  <li><a href="index.html">首页</a></li>
  <li><a href="#">主食正餐</a></li>
  <li><a href="#">水果特产</a></li>
  <li><a href="#">小吃甜点</a></li>
  <li><a href="#">美食街道</a></li>
  <li><a href="#">我要推荐</a></li>
 </ul>
 <label for="togglebox" class="menu">
 <img src="img/menu.png" alt="汉堡图标" />
 </label>
</nav>
</header>
<!--广告栏 -->
<div class="banner">广告栏</div>
 <h3>特色/美食/特色菜</h3>
 <h3>清炖武山鸡</h3>
 <img src="img/美食/蔬菜/1.gif" alt="" />
 <p><i class="fa fa-thumbs-o-up"></i>两种口味可供选择</p>
 <a class="morebtn" href="#">加入购物车</a>
 <h6>最低价:¥67.00</h6>
 <h3>香辣牛蛙</h3>
 <img src="img/美食/蔬菜/2.gif" alt="" />
 <p><i class="fa fa-thumbs-o-up"></i>两种口味可供选择</p>
 <a class="morebtn" href="#">加入购物车</a>
 <h6>最低价:¥39.00</h6>
 <h3>蛋白翘嘴鱼</h3>
 <img src="img/美食/蔬菜/3.gif" alt="" />
 <p><i class="fa fa-thumbs-o-up"></i>两种口味可供选择</p>
 <a class="morebtn" href="#">加入购物车</a>
 <h6>最低价:¥43.00</h6>
 <h3>仙女湖特色青鱼</h3>
 <img src="img/美食/蔬菜/4.gif" alt="" />
 <p><i class="fa fa-thumbs-o-up"></i>两种口味可供选择</p>
 <a class="morebtn" href="#">加入购物车</a>
 <h6>最低价:¥46.00</h6>
<!--主体2——特色水果 -->
 <h3>特色/美食/水果</h3>
 <h3>新余蜜桔</h3>
 <img src="img/美食/水果/1.jpg" alt="" />
 <p><i class="fa fa-thumbs-o-up"></i>新余各乡村特产</p>
 <a class="morebtn" href="#">加入购物车</a>
 <h6>最低价:¥8.00</h6>
 <h3>湖陂葡萄</h3>
 <img src="img/美食/水果/2.jpg" alt="" />
 <p><i class="fa fa-thumbs-o-up"></i>湖陂村特产</p>
```

```
    <a class="morebtn" href="#">加入购物车</a>
    <h6>最低价：¥10.00</h6>
    <h3>紫玉杨梅</h3>
    <img src="img/美食/水果/3.jpg" alt="" />
    <p><i class="fa fa-thumbs-o-up"></i>仙女湖特产</p>
    <a class="morebtn" href="#">加入购物车</a>
    <h6>最低价：¥15.00</h6>
    <h3>观巢巨峰葡萄</h3>
    <img src="img/美食/水果/4.jpg" alt="" />
    <p><i class="fa fa-thumbs-o-up"></i>观巢葡萄基地特产</p>
    <a class="morebtn" href="#">加入购物车</a>
    <h6>最低价：¥10.00</h6>
    <h3>新余/美食/特色</h3>
  <!--主体3——特点-->
    <span class="fa-stack fa-2x">
      <i class="fa fa-circle fa-stack-2x"></i>
      <i class="fa fa-user fa-stack-1x fa-inverse"></i>
    </span>
    <h4>客户至上</h4>
    <p>不拒绝顾客的要求;顾客的事是大家的事;不给顾客带来任何不愉快;不干扰顾客;不冒
犯顾客.</p>
    <span class="fa-stack fa-2x">
      <i class="fa fa-circle fa-stack-2x"></i>
      <i class="fa fa-th-large fa-stack-1x fa-inverse"></i>
    </span>
    <h4>礼品多多</h4>
      <p>进门有奖,旺旺纳福啦!
      福气多多,有奖励的哦。
      首次只要半折,你值得拥有,想来体验吗？</p>
    <span class="fa-stack fa-2x">
      <i class="fa fa-circle fa-stack-2x"></i>
      <i class="fa fa-address-card fa-stack-1x fa-inverse"></i>
    </span>
    <h4>环境优雅</h4>
    <p>清静幽雅,宽敞明亮;一尘不染地板光亮如镜, 华而不俗宾至如归</p>
      <span class="fa-stack fa-2x">
      <i class="fa fa-circle fa-stack-2x"></i>
      <i class="fa fa-line-chart fa-stack-1x fa-inverse"></i>
    </span>
    <h4>回头客多</h4>
    <p>回头客多,好评率远高于同行。</p>

  <!--页脚-->
  <footer>
    <h4>友情链接</h4>
      <ul>
```

```
            < li > < a href = "http://www.dianping.com/xinyu/food" >大众点评网 </a>
</li>
            < li > < a href = "http://www.lvmama.com/" >驴妈妈旅游网 </a></li>
            < li > < a href = "www.0790tg.com" >新余团购网 </a></li>
         < h4 >版权声明 </h4>
         < ul >
         < li > < a href = "#" >版权所有者:xxxx </a></li>
         < li > < a href = "#" >o;本站所有资源仅供学习与参考,请勿用于商业用途 </a></li>
         < /ul >
      < h4 >关注我们 </h4>
      < ul >
      < li > < a href = "#" > < img src = "img/小图标/logo.jpg" width = "15" height
= "16" />手机端 </a></li>
      < li > < a href = "#" > < imgsrc = "img/小图标/logo2.gif" width = "15" height
= "14" />PC 端 </a></li>
      < imgsrc = "img/小图标/logo3.jpg" width = "50" height = "50" />
      < /ul >
   < /footer >
  < /body >
 < /html >
```

从图 12 - 2 ~ 图 12 - 4 可以看到，页面使用了小图标。在这里，我们没有用图像文件，而是使用了字体图标工具 Font Awesome。Font Awesome 是一款免费开源的软件，它提供一套可缩放的矢量图标，可以使用 CSS 对图标的所有特征进行修改，包括大小、颜色、阴影或者其他任何支持的效果。

1. 下载

下载网址为 http://www.fontawesome.com.cn/，最新版本为 4.7。解压缩后，有 4 个文件夹，只需把其中的 css 和 fonts 这两个文件夹复制到项目中就可以使用。

2. 使用

在页面中使用了字体图标，首先应该在文档头部导入 font - awesome.min.css，代码如下：

```
< link rel = "stylesheet" href = "css/font - awesome.min.css" />
```

一般把图标样式挂在一对 i 标签中，先加载 fa 类，再加载相应的图标类。例如：

```
< i class = "fa fa - thumbs - o - up" ></i>
```

此时可以得到👍图标。具体要使用什么类型的图标，可以在图标库中查找，只要加载图标相对应的类名就可以。

图标还可以组合使用：例如：

```
< span class = "fa - stack fa - 2x" >
< i class = "fa fa - circle fa - stack - 2x" ></i>
< i class = "fa fa - user fa - stack - 1x fa - inverse" ></i>
< /span >
```

此时的图标效果是 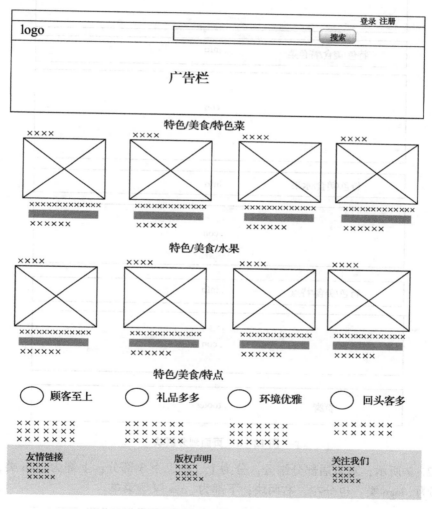，就是两个图标的组合。具体的使用方法可以参考该网站的"案例"栏目。

12.2.4　原型设计

所谓原型设计，就是用线框图把构思、设计展示出来，它最主要的作用是对网站的完整功能和内容进行全面的分析。它是团队内部沟通的桥梁，也是与客户沟通的重要手段。原型设计可以用纸和笔，也可以用 Fireworks 或 Photoshop 等图像处理工具，还可以使用专业的原型设计工具。

本章案例的线框图如图 12 - 5 所示。

图 12 - 5　线框图

在线框图得到各方的认可后，根据线框图用 Photoshop 制作效果图，把线框图中涉及的图片、文字、按钮等都内容化，效果图如图 12 - 2 所示 。

12.2.5　布局设计

　　根据线框图，对 HTML 文档用 < div > 标签进行分块布局，取好相应的类名，进行大块区域划分。对案例中的页面粗略划分，给定类名，如图 12 - 6 所示。

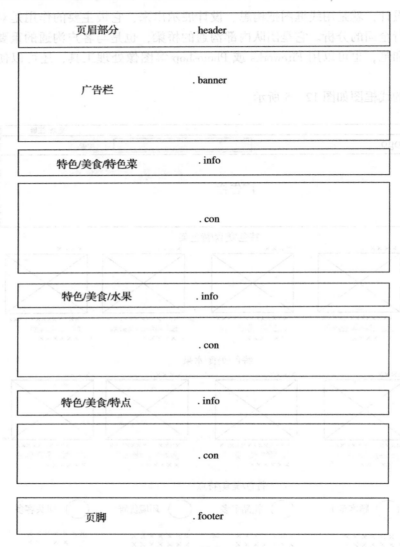

图 12 - 6　页面划分区块

　　如图 12 - 7 所示，对页眉部分细分，分为上、中、下 3 部分：上部为 . top 类，分左、右两块；中部为 . logo 类，也分左、右两块；下部为 . nav 汉堡菜单。

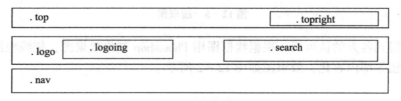

图 12 - 7　页眉的划分

如图 12-8 所示，对 .con 类进行细分，可以分为 4 块，因为这 4 块的表现形式相同，取相同的类名：item 和 txt。

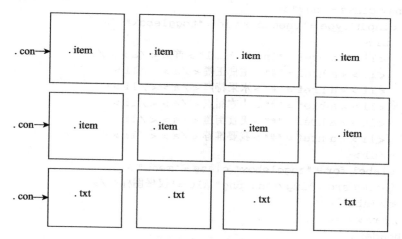

图 12-8 主体的划分

最后对页脚进行细分，也是分 3 块，左、右、中，由于 3 块表现相同，因此取相同的类名 linkbox，如图 12-9 所示。

图 12-9 页脚的划分

这样得到了布局的文档"布局.html"，代码如下：

```html
<body>
    <!-- 页眉部分 -->
    <header class = "header">
    <!-- 次导航 -->
    <div class = "top">
        <span>您好,欢迎来到新余美食街！</span>
        <div class = "topright">
            <a href = "#">登录|</a>
            <a href = "#">注册</a>
        </div>
    </div>
    <!-- 搜索栏 -->
    <div class = "logo">
        <div class = "logoimg">
            <img src = "img/logo.jpg" alt = "" />
        </div>
        <div class = "search">
            <input type = "text" placeholder = "主食/小吃/饮料" />
            <input type = "button" value = "搜索" />
        </div>
```

```
    </div>
    <!--主导航 -->
    <nav class="nav">
      <input type="checkbox" id="togglebox" />
      <ul>
        <li><a href="index.html">首页</a></li>
        <li><a href="#">主食正餐</a></li>
        <li><a href="#">水果特产</a></li>
        <li><a href="#">小吃甜点</a></li>
        <li><a href="#">美食街道</a></li>
        <li><a href="#">我要推荐</a></li>
      </ul>
      <label for="togglebox" class="menu">
        <img src="img/menu.png" alt="汉堡图标" />
      </label>
    </nav>
  </header>
  <!--广告栏 -->
  <div class="banner">
  </div>

  <div class="info">
    <h3>特色/美食/特色菜</h3>
  </div>
  <!--主体——1 -->
  <div class="con">
    <div class="item">
      <h3>清炖武山鸡</h3>
      <img src="img/美食/蔬菜/1.gif" alt="" />
      <p><i class="fa fa-thumbs-o-up"></i>两种口味可供选择</p>
      <a class="morebtn" href="#">加入购物车</a>
      <h6>最低价：¥67.00</h6>
    </div>
    <div class="item">
      <h3>香辣牛蛙</h3>
      <img src="img/美食/蔬菜/2.gif" alt="" />
      <p><i class="fa fa-thumbs-o-up"></i>两种口味可供选择</p>
      <a class="morebtn" href="#">加入购物车</a>
      <h6>最低价：¥39.00</h6>
    </div>
    <div class="item">
      <h3>蛋白翘嘴鱼</h3>
      <img src="img/美食/蔬菜/3.gif" alt="" />
      <p><i class="fa fa-thumbs-o-up"></i>两种口味可供选择</p>
      <a class="morebtn" href="#">加入购物车</a>
      <h6>最低价：¥43.00</h6>
    </div>
    <div class="item">
      <h3>仙女湖特色青鱼</h3>
      <img src="img/美食/蔬菜/4.gif" alt="" />
```

```
      <p><i class="fa fa-thumbs-o-up"></i>两种口味可供选择</p>
      <a class="morebtn" href="#">加入购物车</a>
      <h6>最低价:¥46.00</h6>
    </div>
  </div>
  <!--主体2——特色水果-->
  <div class="info">
    <h3>特色/美食/水果</h3>
  </div>
  <div class="con">
    <div class="item">
      <h3>新余蜜桔</h3>
      <img src="img/美食/水果/1.jpg" alt="" />
      <p><i class="fa fa-thumbs-o-up"></i>新余各乡村特产</p>
      <a class="morebtn" href="#">加入购物车</a>
      <h6>最低价:¥8.00</h6>
    </div>
    <div class="item">
      <h3>湖陂葡萄</h3>
      <img src="img/美食/水果/2.jpg" alt="" />
      <p><i class="fa fa-thumbs-o-up"></i>湖陂村特产</p>
      <a class="morebtn" href="#">加入购物车</a>
      <h6>最低价:¥10.00</h6>
    </div>
    <div class="item">
      <h3>紫玉杨梅</h3>
      <img src="img/美食/水果/3.jpg" alt="" />
      <p><i class="fa fa-thumbs-o-up"></i>仙女湖特产</p>
      <a class="morebtn" href="#">加入购物车</a>
      <h6>最低价:¥15.00</h6>
    </div>
    <div class="item">
      <h3>观巢巨峰葡萄</h3>
      <img src="img/美食/水果/4.jpg" alt="" />
      <p><i class="fa fa-thumbs-o-up"></i>观巢葡萄基地特产</p>
      <a class="morebtn" href="#">加入购物车</a>
      <h6>最低价:¥10.00</h6>
    </div>
  </div>
  <div class="info">
    <h3>新余/美食/特色</h3>
  </div>
  <!--主体3——特点-->
  <div class="con">
    <div class="txt">
      <span class="fa-stack fa-2x">
        <i class="fa fa-circle fa-stack-2x"></i>
        <i class="fa fa-user fa-stack-1x fa-inverse"></i>
      </span>
      <h4>客户至上</h4>
```

```
          <p>不拒绝顾客的要求;顾客的事是大家的事;不给顾客带来任何不愉快;不干扰顾客;不
冒犯顾客 .</p>
          </div>
          <div class = "txt">
            <span class = "fa - stack fa -2x">
              <i class = "fa fa - circle fa - stack -2x"></i>
              <i class = "fa fa - th - large fa - stack -1x fa - inverse"></i>
            </span>
            <h4>礼品多多</h4>
            <p>进门有奖,旺旺纳福啦!
               福气多多,有奖励的哦。
               首次只要半折,你值得拥有,想来体验吗? </p>
          </div>
          <div class = "txt">
            <span class = "fa - stack fa -2x">
              <i class = "fa fa - circle fa - stack -2x"></i>
              <i class = "fa fa - address - card fa - stack -1x fa - inverse"></i>
            </span>
            <h4>环境优雅</h4>
            <p>清静幽雅,宽敞明亮;一尘不染地板光亮如镜,华而不俗宾至如归</p>
          </div>
          <div class = "txt">
            <span class = "fa - stack fa -2x">
              <i class = "fa fa - circle fa - stack -2x"></i>
              <i class = "fa fa - line - chart fa - stack -1x fa - inverse"></i>
            </span>
            <h4>回头客多</h4>
            <p>回头客多,好评率远高于同行。</p>
          </div>
        </div>
        <!-- 页脚 -->
        <footer class = "footer">
          <div class = "linkbox">
          <h4>友情链接</h4>
            <ul>
            <li><a href = "http://www.dianping.com/xinyu/food">大众点评网</a></li>
            <li><a href = "http://www.lvmama.com/">驴妈妈旅游网</a></li>
            <li><a href = "www.0790tg.com">新余团购网</a></li>
            </ul>
          </div>
          <div class = "linkbox">
            <h4>版权声明</h4>
            <ul>
            <li><a href = "#">版权所有者:xxxx</a></li>
            <li><a href = "#">o;本站所有资源仅供学习与参考,请勿用于商业用途</a></li>
            </ul>
          </div>
          <div class = "linkbox">
          <h4>关注我们</h4>
```

```
            < ul >
            < li > < a href = "#" > < img src = "img/小图标/logo.jpg" width = "15" height
= "16" />手机端</a> </li>
            < li > < a href = "#" > < img src = "img/小图标/logo2.gif" width = "15" height
= "14" />PC端</a> </li>
            < img src = "img/小图标/logo3.jpg" width = "50" height = "50" />
            </ul>
            </div>
        </footer>
    </body>
```

12.2.6 公共样式文件

在用 CSS 实现页面表现形式之前，应该先把 HTML 标签的默认样式清除，以避免样式的
层叠与冲突，这对每一个页面都是一样的，因此可以写成一个公共样式文件 public. css，把它
链接到任何一个页面。一般的公共样式文件如下：

```
body,ul,li,form,p,h1,h2,h3,h4,h5,h6,input{
    padding:0;
    margin:0;
}
html,body{
    width:100%;
    height:100%;
    font - size:62.5%;
    font - family:arial;
}
a{
    text - decoration:none;
    color:#000000;
}
ul,li{
    list - style - type:none
}
img{
    border:0;
    max - width:100%;
    height:auto;
}
input{
    outline:none;
    border:none;
}
.clearfix{
    clear:both;
}
.clearfix:after{
    display:block;
    content:".";
```

```
    clear:both;
    height:0;
    visibility:hidden;
}
```

把 public. css 链接到 HTML 文档：

```
<link rel = "stylesheet" href = "css/public.css" />
```

12. 2. 7　详细设计

接下来定义样式文件 index. css，把该样式文件与 HTML 文档相关联，即

```
<link rel = "stylesheet" href = "css/index.css" />
```

具体的实现在 index. css 文件中完成。

1. 页眉设计

页眉分 3 部分，上部的 . top 类可以把 . topright 设置向右浮动，实现元素的左右排列。中部的 . logo 类把 display 设置为 flex，则两个子元素为弹性子元素，扩展比率分别设置为 1 和 2，其中输入框和按钮的设置可以参考表单美化的知识。下部为汉堡菜单，在上一章已经学习了。

代码如下：

```
.header,.info,.banner,.con,.footer{
    width:100% ;
    box - sizing:border - box;
    /* 容器都采用边框盒子模型 */
}

/* .header */
/* 次导航的设置 */
.top{
    background:#f0f0f0;
    height:30px;
    line - height:30px;
}
.top span{
    font - size:1.2rem;
    }
.topright{
    float:right;
}
.topright a:hover{
    color:#F0AD4E;
}

/* .logo 搜索栏的设置 */
.logo{
    display:flex;
    flex - flow:row nowrap;
```

```
    align-items:flex-start;
}
/* 把 logo 设置为弹性盒子. */
.logo img{
    order:1;
    flex-grow:1;
    margin:auto;
}
.search{
    order:2;
    flex-grow:2;
    margin:auto;
}
/* 搜索框的样式设置 */
input[type="text"] {
    width:60% ;
    height:40px;
    border:2px solid orange;
    border-radius:4px;
}
input[type="text"]:focus{
    border-color:#f00;
}
/* 搜索按钮的设置 */
input[type="button"] {
    width:60px;
    height:40px;
    border-radius:4px;
    background: orange;
    color:#fff;
    font-size:1.8rem;
    font-weight:bold;
    cursor:pointer;
}
input[type="button"]:hover{
    background:rgba(255,200,100,0.5) ;
}
/*汉堡菜单 */
.nav{
    background: orange;
    padding:20px;
    position:relative;
}
.nav ul li{
    display:inline-block;
    margin:0 30px;
}
.nav li a{
    display:block;
    color:#fff;
```

```css
    font - size:1.6rem;
    font - weight:bold;
}
.nav li a:hover{
    color:#f00;
    text - decoration:underline;
}
input[type = "checkbox"],
.menu{
    position:absolute;
    top:3px;
    left:1.5% ;
    display:none;
}
```

2. 主体设计

1）.info 类的设置。

```css
.info{
    padding:20px 20px 30px;
    background:rgba(250,250,250,0.65);
    text - align: center;
    font - size:2.5rem;
}
.info h3{
    font - size:2.5rem;
    font - weight:400;
    padding:20px;
    font - family:"楷体";
}
```

2）.con 类的设置。.con 容器的设置关键点在于把 display 设置为 flex，其中的 4 个子元素平均分布，居中对齐，把 a 设置成按钮的形式。

```css
/*.con 主体容器的样式,容器设置为弹性盒模型 */
.con{
    display:flex;
    flex - flow:row nowrap;
    justify - content: center;
    margin:0 auto;
}
/* 主体元素的样式 */
.item{
    flex - grow:1;
    box - shadow:2px 3px 4px #ddd;
    align - self: center;
    margin:0 1rem;
}
.item h3{
```

```
        padding:15px 10px;
        color:#ff9900;
        text-align: center;
        font-size:2rem;
}
.item img{
        width:90% ;
        height:auto;
        box-shadow:2px 3px 4px 5px #DCDCDC;
}
.item p{
        color:#398439;
        font-size:1.2rem;
        padding:10px;
}
.morebtn{
        display:block;
        width:90% ;
        height:40px;
        border-radius:4px;
        color:#fff;
        background:rgba(200,0,0,0.8);
        line-height:40px;
        text-align: center;
        margin:10px auto;
}
.morebtn:hover{
        background:rgba(200,0,0,0.6);
        }
.item h6{
        font-size:2rem;
        margin:15px;
        font-weight:400;
}
```

3). txt 类的设置。这里修改了字体图标的颜色,并加了交互的效果。

```
/* 主体 3 个子元素的样式 */
.txt{
        flex-grow:1;
        width:10% ;
        min-height:200px;
        box-shadow:3px 3px 4px #DCDCDC;
        margin:10px 20px;
        align-self:center;
}

.txt h4{
        display:inline-block;
```

```
        text - align: center;
        font - size:1.6rem;
        margin - top:10px;
}
.txt p{
        line - height:200% ;
        padding:10px;
        font - size:1.4rem;
        text - indent:2rem;
}
/* 主体 3 个子元素的样式利用了字体图标 */
.fa - stack{
        color:olivedrab;
        margin - left:30px;
}

.fa - stack:hover{
        color: orange;
}
```

3. 页脚的设计

页脚 .footer 的 display 也设置成 flex，居中对齐。

```
/* footer 的样式 */
.footer{
        display:flex;
        flex - flow:row nowrap;
        justify - content: center;
        background:#FfAC28;
}

.linkbox{
        flex - grow:1;
        width:30% ;
        height:auto;
        margin:20px 20px 0;
        align - items: center;
}

.linkbox h4{
        color:#eee;
        font - size:1.2rem;
}

.linkbox ul li{
        line - height:1.6rem;
}
```

```
.linkbox li a{
    font-size:1.2rem;
    color:#fff;
}
```

4. 媒体查询部分

在分辨率小于 768px 时，对导航栏目的间距、广告栏高度进行修改，对主体布局进行调整，将 4 列布局变为两列布局。

```
@ media only screen and (max-width:768px){
.nav ul li{
    display:inline-block;
    margin:0 20px;
}
.banner {
    min-height:300px;
    overflow:hidden;
}
.info,.con{
flex-flow:row wrap;
}
.item,.txt{
    width:45% ;
    margin:0px auto;

}
}
```

在分辨率小于 640px 时，实现汉堡菜单，对弹性盒模型进行调整，变为 y 轴排列，将两列布局变为一列布局。

```
/* 汉堡菜单 */
@ media only screen and (max-width:640px){
    .header .nav ul{
      display:none;
    }

    .menu{
      display:block;
    }

    input[type = "checkbox"]:checked ~ul{
      display:block;
    }
nav ul li{
    display:block;
    width:100% ;
    text-align: center;
    padding:10px 0 ;
```

```
        }

    nav li a{
        font - size:1.4rem;
    }
input[type = "text"] {
    width:80% ;
}
.banner{
    min - height:200px;
    overflow:hidden;
}
.logo,.info,.con,.footer{
    display:flex;
    flex - flow:column;
}
.search,.item,.txt,.linkbox{
    width:90% ;
    margin:5px auto;
}
}
```

完整的代码可以参考 index. html、index. css 和 public. css 这几个文件。

本章小结

本章从建站者角度介绍了网站开发的一般流程，通过一个案例，讲解了 Web 前端从设计到实现的全过程。目的是让读者能综合运用所学知识，独立设计并制作有一定专业水平的页面。

【动手实践】

动手设计并制作一个网站，要求如下：

1. 主题鲜明，内容丰富，建议选题单一、明确，不要大而空；
2. 原创内容丰富，能体现网站的主题思想，文字流利通畅，图像与内容相符；
3. 版面布局合理，色彩搭配和谐，整体风格统一，浏览方便，页面美观大方；
4. 能实现响应式设计；
5. 合理规划目录，首页文件名为 index. html；
6. 具有 4 ~ 5 个页面，二级页面风格统一，公共样式文件 public. css 独立。所有的 CSS 样式统一以文件的形式保存，以链接的方式加载到 HTML 文档中。

【思考题】

1. 如何根据网站题材确定网站的主题色、配色？
2. 如何根据网站主题确定网站栏目？
3. 如何给自己设计的网站起一个有意义的域名？

参 考 文 献

［1］黑马程序员. 响应式 Web 开发项目教程［M］. 北京：人民邮电出版社，2017.

［2］温谦. CSS 网页设计标准教程［M］. 北京：人民邮电出版社，2009.

［3］传智播客高教产品研发部. HTML5 + CSS3 网站设计基础教程［M］. 北京：人民邮电出版社，2016.

参考文献

[1] 黑马程序员. 响应式 Web 开发项目教程 [M]. 北京: 人民邮电出版社, 2017.

[2] 黑马程序员. CSS 规范与页面布局教程 [M]. 北京: 人民邮电出版社, 2017.

[3] 传智播客高教产品研发部. HTML5 + CSS3 网页布局与制作教程 [M]. 北京: 人民邮电出版社, 2016.